W0257486

Die Taxation maschineller Anlagen

Von

Dr. Felix Moral

Zivilingenieur und öffentlich angestellter beeidigter Sachverständiger für Werkzeugmaschinen, sowie gerichtlich beeidigter Sachverständiger für Werkzeugmaschinen und maschinelle Anlagen (Handelskammer zu Berlin, Kammergericht, Landgerichte I, II, III Berlin, Landgericht Potsdam)

Dritte
neubearbeitete und vermehrte Auflage

Springer-Verlag Berlin Heidelberg GmbH

ISBN 978-3-642-90122-5   ISBN 978-3-642-91979-4 (eBook)
DOI 10.1007/978-3-642-91979-4

Vorwort zur dritten Auflage.

Die zweite Ausgabe meiner „Taxation maschineller Anlagen", die aus der unveränderten ersten Auflage in Verbindung mit einem zwei Jahre später verfaßten Anhang bestand, ist vergriffen. Dieser Umstand und die stetig anhaltende Nachfrage nach meinem Buche haben den vorliegenden Neudruck notwendig gemacht, gelegentlich dessen ich das Buch vollständig umgearbeitet und seinen Inhalt wesentlich vermehrt habe. Vor allem habe ich, den mehrfach an mich gelangten Anregungen aus dem Leserkreise folgend, zwei neue Kapitel, das eine über die vielumstrittene Frage der „Lebensdauer von Maschinen" und das andere über die Abschätzung auch der „Werkzeuge, Modelle, Zeichnungen, Jacquardkarten, Fabrikutensilien usw." dem Buche eingefügt. Außerdem habe ich das bisherige Kapitel „Vortaxen und Schadenabschätzungen für Versicherungszwecke" gänzlich umgearbeitet, in zwei neue Kapitel „Vortaxen für Versicherungszwecke" und „Schadenabschätzungen in Versicherungsfällen" getrennt und jedes dieser Kapitel ausführlich gestaltet. Auch der bisherige Anhang der zweiten Ausgabe ist zu seinem größten Teile in diese beiden Kapitel hineingearbeitet. Desgleichen habe ich das Kapitel „Maschinen als wesentliche Bestandteile von Gebäuden" eingehender behandelt. Gleichfalls einer Anregung aus dem Leserkreise folgend, habe ich die bisherigen Musterbeispiele verschiedener Taxen in dieser neuen Auflage des Buches fortgelassen und dafür die betreffenden Textstellen durch Anmerkungen, die kurze Beispiele aus meiner Praxis bringen, erläutert.

Mit der neuen Bearbeitung meines Buches bezweckte ich dazu beizutragen, die Grundsätze über eine richtige Abschätzung von einzelnen Maschinen und ganzen maschinellen Fabrikeinrichtungen weiter zu klären und das gesamte Taxwesen zu fördern. Ich hoffe daher, daß meine vorliegende Arbeit allen interessierten Kreisen, im besonderen allen Maschinenexperten, Industriellen, Banken, Revisionsgesellschaften, Versicherungsgesellschaften usw. ein nützliches Hand- und Hilfsbuch sein wird.

Ist doch gerade in der jetzigen Zeit mit ihrem durch den unglücklichen Ausgang des Krieges gestörten Wirtschaftsleben und der Umwälzung aller Werte, das Bedürfnis nach richtigen Abschätzungen der in den industriellen Unternehmungen vorhandenen maschinellen Einrichtungen erheblich gesteigert.

Berlin-Friedenau, im Januar 1922.

Dr. Felix Moral.

Inhaltsverzeichnis.

Literaturangaben.

Ausschuß für wirtschaftliche Fertigung im Verein deutscher Ingenieure, Grundplan der Selbstkostenberechnung. 2. Ausgabe. Berlin 1921.
— Richtige Selbstkostenberechnung als Grundlage der Wirtschaftlichkeit industrieller Unternehmungen und als Mittel zur Besserung der Wettbewerbsverhältnisse, Berlin 1921.
Bethmann, H., Die Kalkulation im Maschinenbau (Sammlung Göschen), 1920.
Bruinier, J., Selbstkostenberechnung für Maschinenfabriken, 2. Auflage, Berlin 1918.
Cremer, Chr., Durchschnittspreise für Akkordarbeiten in Maschinenfabriken, 4. Auflage, Duisburg 1909.
Gerstner, Paul, Gefährliche Bilanzpolitik (Finanz- und Handelsblatt der Vossischen Zeitung, Berlin 1921, Nr. 29).
Gramberg, Anton, Maschinenuntersuchungen und das Verhalten der Maschinen im Betriebe, Berlin 1918.
Haeder, H., Kalkulieren der Maschinen und Maschinenteile, 2. Auflage, Wiesbaden 1912.
— Die Preisbildung in der Maschinenindustrie, Wiesbaden 1912.
Hall, Herbert W., Selbstkostenberechnung und moderne Organisation von Maschinenfabriken, 2. Auflage, München und Berlin 1920.
Heyne, Curt, Die Versicherung gegen Brandschaden und die Brandschadenregulierung, Leipzig 1910.
Krafft, Guido, Die Betriebslehre, 7. Auflage, Berlin 1904.
Laschinski, Die Selbstkostenberechnung im Fabrikbetriebe, 2. Auflage, Berlin 1918.
Leitner, Friedr., Die Selbstkostenberechnung industrieller Betriebe, 5. Auflage, Frankfurt a. M. 1918.
Manes, Alfred, Grundzüge des Versicherungswesens, 3. Auflage, Leipzig 1918.
Meyenberg, Friedr., Einführung in die Organisation von Maschinenfabriken unter besonderer Berücksichtigung der Selbstkosten, 2. Auflage, Berlin 1919.
Moral, Felix, Die Bewertung der Maschinen im Brandfalle (Wirtschaft und Recht der Versicherung, Kiel 1912, Nr. 6).
— Die systematische Behandlung einer Brandschadenabschätzung in einer Maschinenfabrik (Wirtschaft und Recht der Versicherung, Kiel 1914, Nr. 5).
— Die Abschätzung des Wertes industrieller Unternehmungen, Berlin 1920.
Mundstein, J., Die Nachkalkulation nebst zugehöriger Betriebsbuchhaltung in der modernen Maschinenfabrik, Berlin 1920.
Prange, Otto, Die Ermittelung des Versicherungswerts von beweglichen Ertrags- und Gebrauchsgegenständen (Maschinen, Geräten und häuslichem Mobiliar), Jena 1907.
Reichsgerichtsräte, Kommentar zum Bürgerlichen Gesetzbuch, Berlin-Leipzig 1921.
Romberg, Franz, Die Brandschadenregulierung in Fabriken, München 1916.
Schiff, Emil, Die Wertverminderungen an Betriebsanlagen in wirtschaftlicher, rechtlicher und rechnerischer Beziehung, Berlin, 3. Neudruck 1920.

Schlesinger, Georg, Selbstkostenberechnung im Maschinenbau, Berlin 1911.
Schmalenbach, E., Die Werte von Anlagen und Unternehmungen in der Schätzungs-
technik (Zeitschrift für Handelswissenschaftliche Forschung, Leipzig 1918).
Schmidt, Richard, Zur Betriebskostenermittlung (Die Versicherungspraxis,
Berlin 1908, Heft 12).
Schönvoigt, H., Über Feuerversicherung und Brandschäden in industriellen Be-
trieben (Anzeiger für Berg-, Hütten- und Maschinenwesen, Essen 1919, Nr. 67
bis 69).
Seelig, Scheele und *Hacke*, Wesentlicher Bestandteil, Zubehör (Fabrik, Maschinen),
(Juristische Wochenschrift, Berlin 1908, Nr. 1).
Siegrist, Max, Die moderne Vorkalkulation, Berlin 1918.
Sperlich, A., Unkostenkalkulation, nebst Anhang. 3. Auflage, Leipzig 1917.
Verein deutscher Maschinenbau-Anstalten, Selbstkostenberechnung im Maschinen-
bau, Berlin 1921.
Wattmann, Sachwerte von Betriebsanlagen und ihre Schätzung (Elektrische
Kraftbetriebe und Bahnen, München 1912, Heft 25.)
Weiland, Ernst, Die Feuerversicherung der Industrie, Düsseldorf 1913.
Werneburg, Die Maschine als Bestandteil des Fabrikgrundstücks (Anzeiger für
Berg-, Hütten- und Maschinenwesen, Essen 1919, Nr. 105).
West, Jul. H., Abschreibungen und Instandhaltungskosten in Fabrikbetrieben.
(Technik und Wirtschaft, Berlin 1910, Heft 6).

———

Reichsgerichtsentscheidungen in Zivilsachen, Bd. 67, S. 32 ff., Bd. 69, S. 120,
121, 153.
Zeitschrift des Vereins Deutscher Ingenieure, Berlin.
Technik und Wirtschaft, Monatsschrift des Vereins deutscher Ingenieure, Berlin.
Der Zeitungs-Verlag, Fachblatt für das gesamte Zeitungswesen, Magdeburg, Jahr-
gang 1908, S. 802.

Einleitung.

Bisher hat sich noch keine feste Regel für die Anfertigung von Taxen maschineller Anlagen herausgebildet, obgleich die Aufstellung dieser Taxen an sich auf ähnlichen einheitlichen Grundsätzen beruhen sollte, wie sie bei Taxen von Grundstücken und Gebäuden üblich sind.

Schon die verschiedenartige Anordnung der Taxen maschineller Anlagen läßt erkennen, daß noch nicht einmal eine Einigung darüber erzielt ist, welche Werte in einer Maschinentaxe zum Ausdruck zu bringen sind.

Während die einen nur die Angabe des jeweiligen *Zeitwertes* für notwendig halten, verlangen andere auch die Angabe des *Neuwertes*, sowie die Hinzufügung des *Anschaffungsjahres* der einzelnen Maschinen, und wieder andere wollen außerdem auch die *Gewichte* der einzelnen Maschinen in die Taxe mitaufgenommen haben.

In neuester Zeit wird in einzelnen Fällen sogar die Hinzufügung der Vorkriegspreise gefordert, um für die Bilanzaufstellung, für die vorzunehmenden Abschreibungen, für Steuerzwecke usw. einen Überblick zu gewinnen, um wieviel der Wert der maschinellen Anlage durch das Sinken der Valuta und die damit zusammenhängende allgemeine Teuerung eine rechnerische Werterhöhung erfahren hat. Auch wird wegen der Berechnung des Reichsstempels mitunter verlangt, daß diejenigen Maschinen usw., welche nach dem bürgerlichen Recht als unbewegliche Gegenstände anzusehen sind, in der Taxe besonders gekennzeichnet werden.

Dennoch dürfte über die beste Art der Aufstellung von Taxen maschineller Anlagen keine Unklarheit herrschen, wenn man sich den Zweck vergegenwärtigt, welchen die Taxen erfüllen sollen.

Sieht man von Rechtsstreitigkeiten zwischen Parteien ab, bei welchen die für die Taxe zu erfüllenden Bedingungen in jedem einzelnen Falle von dem Gerichte festgesetzt werden, so sind es hauptsächlich Taxen, welche als *Unterlagen für finanzielle Transaktionen* benötigt werden, die den *ungestörten Fortbetrieb der Unternehmung* zum Zwecke haben.

Derartige Taxen werden in neuester Zeit infolge des gesteigerten Kapitalbedürfnisses in vielen Fällen verlangt, bei denen es sich um die Erhöhung des Gesellschaftskapitals durch Ausgabe neuer Aktien, Aufnahme von Obligationsanleihen oder größerer Bankkredite, Umwandlung privater industrieller Unternehmungen in die Gesellschaftsform, Fusion verschiedener Unternehmungen miteinander und ähnliches mehr handelt.

Verhältnismäßig seltener werden Taxen als *Inventuraufnahmen* für die regelmäßige *Bilanzaufstellung* oder bei *Auseinandersetzungen* zwischen Teilhabern oder Erben einer industriellen Unternehmung verlangt.

Außerdem werden Taxen gebraucht bei freiwilliger Auflösung oder beim Konkurse einer Unternehmung, um den *Verkaufspreis* der zum *Abbruch* kommenden Anlagen festzustellen.

Endlich handelt es sich häufig um Taxen für *Versicherungszwecke*, sei es als *Vortaxen* für den Abschluß der Versicherung oder als *Schadenabschätzungen* nach Eintritt des Versicherungsfalles.

Begriff des Zeitwertes einer maschinellen Anlage.

Je nach dem Zwecke, für welchen die Taxe aufgestellt werden soll, wird ein anderer Maßstab derselben zugrunde zu legen sein.

Es ist eine zwar weit verbreitete, aber durchaus unrichtige Ansicht, daß der *Zeitwert* einer einzelnen Maschine bzw. einer ganzen maschinellen Anlage für einen bestimmten Zeitpunkt stets der gleiche sein müßte, d. h. daß die maschinelle Anlage an dem in Frage kommenden Tage nur **einen** bestimmten Wert haben könne.

Ein solcher feststehender Wert läßt sich wohl für Waren angeben, welche einen börsenmäßigen Marktpreis haben, nicht aber für Maschinen.

Bei Maschinen ist zu beachten, daß dieselben zum Zwecke ihres Betriebes erst an den Betriebsort geschafft und dort fest montiert werden mußten. Auch mußten in vielen Fällen die einzelnen Maschinen bzw. ganzen Anlagen, wie z. B. maschinelle

Transportanlagen, Bekohlungsanlagen, Verladekrane usw., für den Betriebsort und den betreffenden Betrieb besonders konstruiert und den in Frage kommenden örtlichen Verhältnissen angepaßt werden, so daß sie wohl für diesen Betriebsort geeignet sind, nicht aber ohne weiteres für eine andere Betriebsstätte mit anderen Verhältnissen.

Soll nun der *Zeitwert* einer derartigen maschinellen Anlage festgestellt werden, so wird er höher oder niedriger anzunehmen sein, je nachdem die maschinelle Anlage an ihrem Betriebsorte in **ungestörter Weise weiter betrieben** oder **abgebrochen** werden soll, um vielleicht in einem anderen örtlich entfernt gelegenen Betriebe wieder aufgebaut zu werden.

In ersterem Falle besteht der *Zeitwert* der maschinellen Anlage nicht nur aus demjenigen Werte, der zur Zeit der Taxation für ihren Neuankauf bezahlt werden müßte, selbstverständlich unter Berücksichtigung der inzwischen stattgehabten Abnützung, sondern auch aus den der Lebensdauer der Anlage entsprechend in Ansatz zu bringenden Frachtspesen, den Kosten für Montage, Fundamentierung usw., welche gesamten Ausgaben zusammen mit dem Einkaufspreise erst den *Anschaffungspreis* ergeben. Hieraus ergibt sich, daß der Zeitwert auch von dem Standorte der betreffenden Maschine abhängig ist.

Es ist selbstverständlich, daß der Käufer einer maschinellen Anlage, welcher dieselbe erwirbt, um sie an dem Orte ihres bisherigen Betriebes ungestört für sich weiter arbeiten zu lassen, auch alle diejenigen Kosten anteilmäßig zu bezahlen hat, welche notwendig waren, um die Anlage überhaupt erst in Betrieb setzen zu können.

Andererseits können alle diese Kosten dem Käufer der Anlage dann nicht mehr in Rechnung gestellt werden, wenn die Maschinen *abgebrochen* und *forttransportiert* werden sollen. Der *Zeitwert* der Maschinen wird in diesem letzteren Falle also um diese bereits aufgewendeten Kosten vermindert, und er wird außerdem noch verringert werden um diejenigen Kosten, welche aufs neue anzuwenden sind, um die Maschinen abzubrechen und sie für den *Neuaufbau* wieder instand zu setzen.

Geht schon aus diesem einen Beispiele hervor, daß der *Zeitwert* einer maschinellen Anlage verschieden abgeschätzt werden muß, je nachdem es sich um einen *Weiterbetrieb* der Anlage oder um einen *Abbruch* derselben handelt, so liegt es auf der Hand, daß auch noch andere Umstände von Einfluß auf die Höhe des abzuschätzenden Zeitwertes einer Maschine sein können.

So kann z. B. eine etwas veraltete Konstruktion einer Maschine noch ohne Bedeutung sein, wenn sie in dem Betriebe, in welchem sie steht, weiter mitarbeitet. Soll diese Maschine jedoch abgebrochen und verkauft werden, so wird ihr Zeitwert niedriger einzuschätzen sein, weil in diesem Falle ihre veraltete Konstruktion einen wesentlichen Mangel darstellt.

Auch die jeweilige *Konjunktur* auf dem Maschinenmarkte bzw. auch auf dem Markte, für welchen die Unternehmung arbeitet, wird unter Umständen bei der Bestimmung des Zeitwertes der Anlage zu berücksichtigen sein, weil sie unmittelbar auch auf die Preise und Lieferfristen der für die betreffende Industrie benötigten Maschinen einwirkt.

Handelt es sich beispielsweise um eine finanzielle Transaktion zwecks Ausnutzung einer gerade vorhandenen günstigen Konjunktur, so wird der Zeitwert der Anlage höher zu schätzen sein, als im entgegengesetzten Falle. Können doch dem eventuellen Käufer der Anlage die Zeitverluste und faux frais entgegengehalten werden, welche er erleiden würde, wenn er an Stelle des Ankaufs der bereits im Betrieb befindlichen Anlage eine gleichartige Anlage erst neu errichten wollte.

Aus dem vorstehenden ergibt sich, **daß der jeweilige Zeitwert einer maschinellen Anlage derjenige Wert ist, welcher „reellerweise'', unter Berücksichtigung aller für einen eventuellen Verkauf maßgebenden Verhältnisse, von einem Käufer der Anlage gefordert werden kann.**

Die Aufstellung der Taxe.

Die Bestimmung darüber, ob nur der Zeitwert oder noch andere Werte in der Taxe zum Ausdruck kommen sollen, wird stets Sache des Auftraggebers sein, dessen Wünsche hierfür maßgebend sind.

Selbstverständlich wird die Taxe unter allen Umständen den Zeitwert darzustellen haben. Nur in Ausnahmefällen, z. B. in Zivil- oder Strafprozessen, bei Schadenabschätzungen usw. könnte gewünscht werden, den Wert zu schätzen, den die Maschinen usw. an einem bestimmten, bereits zurückliegenden Tage hatten.

Die Hinzufügung auch des *Neuwertes* bzw. des *Gesamtanschaffungspreises* der einzelnen Gegenstände wird irrigerweise oft nur zu dem Zwecke vorgenommen, um zu zeigen, wie vorsichtig der Taxator bei seinen Abschätzungen verfahren ist, d. h. wie niedrig er den Zeitwert geschätzt hat, und es wird alsdann hieraus abgeleitet, daß die Anlage in Wirklichkeit einen höheren Wert besitzt als in der Taxe angegeben ist.

Dies ist jedoch eine falsche Ansicht, denn der Taxator hat nicht niedrig oder hoch, sondern richtig zu schätzen, und die Hinzufügung des Neuwertes darf daher keinen anderen Zweck haben, als durch einen Vergleich zwischen dem angegebenen Neuwerte und dem Zeitwerte aus der Taxe erkennen zu lassen, **in welchem Zustande der Abnützung sich die Maschinen usw. zur Zeit der Aufstellung der Taxe befunden haben.**

Nur von diesem Gesichtspunkte aus ist daher über die Aufnahme auch des *Neuwertes* in die Taxe zu entscheiden.

Aus ähnlichen Gründen ist auch über die Aufnahme des *Anschaffungsjahres* in die Taxe zu entscheiden.

Vielfach wird das Anschaffungsjahr nur deshalb in die Taxe eingesetzt, um darauf aufmerksam zu machen, daß man wegen des Alters der Maschinen eine sehr große Abschreibung auf ihren Anschaffungspreis vorgenommen habe.

Auch dieses ist falsch, denn *die kaufmännische* Amortisation *des Anschaffungspreises einer Maschine und die* Abnützung *der Maschine durch ihren Gebrauch sind zwei grundverschiedene Dinge.*

Für die Abnützung einer Maschine ist das Anschaffungsjahr von keiner bestimmenden Bedeutung, vielmehr kommt es wesentlich darauf an, ob und wieviel die Maschine seit ihrer Anschaffung im Betriebe benutzt worden ist, und welche Tätigkeit sie auszuüben hatte. Versteht es sich doch von selbst, daß die Abnützung einer Maschine in erster Linie von der Art des Betriebes abhängig ist. Je nachdem eine Maschine nur im Tagbetrieb oder im Tag und Nachtbetrieb steht, das ganze Jahr hindurch oder nur periodisch, wie in Brennereien, Zuckerfabriken usw., betrieben wird, und je nachdem, ob sie harte oder weiche, säurefreie oder säurehaltige Materialien usw. zu verarbeiten hat, wird sie sich schneller oder langsamer abnützen.

Andererseits läßt sich aber aus dem Alter der Maschine auf ihre *Konstruktion* schließen. Die Einsetzung des Anschaffungsjahres der Maschinen in die Taxe darf daher keinen anderen Zweck haben als anzudeuten, **ob die betreffende Maschine nach einer neueren oder älteren Konstruktion gebaut ist.**

Was nun die Einsetzung der *Gewichte* der einzelnen Maschinen usw. in die Taxe anbetrifft, so kann auch hierfür nur das bereits vorstehend Gesagte sinngemäß wiederholt werden.

Vielfach werden die Gewichte nur mit der Absicht in die Taxe eingesetzt, um dieser ein gediegeneres Aussehen zu geben, oder auch um erkennen zu lassen, welchen *Einheitspreis* man je Gewichtseinheit der Maschinen usw. als *Zeitwert* gewählt hat.

Einen inneren Wert hat die Gewichtsangabe für die Taxe aber kaum, und zwar aus dem Grunde nicht, weil nur in den allerseltensten Fällen die wirklichen Gewichte der Maschinen von dem Taxator rechnerisch oder durch Nachwiegen festgestellt werden können. Bei einer in Betrieb befindlichen Anlage ist letzteres schon deshalb unmöglich, weil die meisten Maschinen fest montiert sind. Die bloße Abschätzung mit dem Auge dürfte aber kaum zu richtigen Resultaten führen.

Meistens wird der Taxator daher, hinsichtlich der Gewichtsangaben, sich auf die Kataloge oder Fakturen der Maschinenfabrikanten verlassen müssen, wobei noch nicht einmal immer die Faktura oder der Katalog desjenigen Fabrikanten, welcher die Maschine gebaut hat, zur Hand sein wird.

Kann man aber Ziffern, welche für die Taxe von Bedeutung sein sollen, nicht richtig feststellen, so soll man sie erst garnicht in die Taxe einsetzen, denn auch die aus den Katalogen und Fakturen der Fabrikanten entnommenen Gewichtsangaben bieten nicht immer eine Gewähr für ihre Richtigkeit.

Die Angabe der *mutmaßlichen* Gewichte der einzelnen Maschinen in der Taxe würde also, abgesehen von den Schadenermittelungen bei Versicherungsfällen nur dann einen praktischen Zweck haben, wenn es sich um den Abbruch und Forttransport der Maschinen handelt, um aus den Gewichtsangaben **einen Anhalt für den Umfang und die Kosten des Transportes zu gewinnen.** Auch bei den Schadenermittelungen in Versicherungsfällen bilden die Gewichtsangaben einen nützlichen Anhalt für die Abschätzung des Wertes der übrig gebliebenen Rudera einer Maschine.

In den weitaus meisten Fällen wird es also genügen, nur den Zeitwert in der Taxe anzugeben.

Nur in solchen Fällen, in welchen es sich um den beabsichtigten *Verkauf* einer maschinellen Anlage handelt, **für welche ein Käufer erst noch gesucht wird,** und ferner bei *Vortaxen* für Versicherungszwecke wird es angebracht sein, die Taxe so ausführlich als möglich auszuarbeiten, d. h. neben einer technisch genügenden Beschreibung der einzelnen Maschinen usw. und neben dem *Zeitwerte* auch die *Neuwerte,* die *Anschaffungszeiten* sowie die annähernden *Gewichte* der einzelnen Maschinen anzugeben.

Eine Taxe soll aber nicht nur wahr sein, sondern sie muß auch klar und übersichtlich sein. Daher müssen vor allem die größeren Maschinen, d. h. die hauptsächlichsten Werte, deutlich hervorgehoben werden. Auch muß die Anordnung der Taxe übersichtlich gestaltet sein. Vor allem aber muß die Taxe die Möglichkeit bieten, daß sie durch einen Dritten auf ihre Richtigkeit nachgeprüft werden kann. Dazu gehört in erster Linie, daß die Kennzeichnung der einzelnen Maschinen in einer technisch einwandfreien Weise erfolgt, welche einen Anhalt für die Kontrolle der in der Taxe angegebenen Werte bietet. Angaben, die hinsichtlich der Größe, Leistung, Menge usw. nichts besagen, wie z. B. „Eine große Drehbank" oder „Eine kleine Schleifmaschine" oder „Ein Posten Armaturen" sind durchaus unzulässig und zu vermeiden. Wenngleich nun andererseits die Beschreibung der einzelnen Maschinen und maschinellen Vorrichtungen in der Taxe nicht zu umfangreich sein soll, so müssen dennoch die Kennzeichnung und die Beschreibung der Maschinen sowie die Angabe ihrer Dimensionen, Leistungen usw. derartig sein, daß man erkennen kann, um was für Maschinen es sich handelt. Am geeignetsten ist es, alle diejenigen Angaben zu machen, wie sie die Preistabellen in den Katalogen der Maschinenfabrikanten enthalten. Etwaige *Spezialvorrichtungen, patentierte Konstruktionen* oder *ähnliche Vorzüge* einzelner Maschinen können außerdem kurz angeführt werden.

Oft werden jedoch von dem Auftraggeber selbst derartige kurze technische Beschreibungen der einzelnen Maschinen *nicht* gewünscht, sei es, um die Niederschrift der Taxe nicht zu umfangreich zu gestalten, sei es weil die Taxe nur für *innere Zwecke* der Unternehmung, z. B. als Inventuraufnahme, gebraucht wird, oder auch, weil der Auftraggeber vermeiden will, daß eventuell Unberufene einen genauen Einblick in die maschinelle Einrichtung seiner Unternehmung erhalten.

In diesem Falle sind selbstverständlich die Wünsche des Auftraggebers maßgebend, und ist die Kennzeichnung der einzelnen Maschinen in der Taxe den Angaben des Auftraggebers entsprechend vorzunehmen. Sind die Maschinen, wie es in vielen Betrieben der Fall ist, numeriert, so würden z. B. *nur die Benennungen der Maschinen und ihre Nummern* anzugeben sein.

Aus dem Vorhergesagten ergibt sich, daß man die Taxen maschineller Anlagen in folgende Arten einteilen kann:

1. Inventurtaxen[1]). Dieselben sind nur für den inneren Dienst der Unternehmung bestimmt, enthalten nur die Zeitwerte der einzelnen Maschinen usw. und kennzeichnen die Maschinen nur in der bei der Firma gebräuchlichen Weise unter Fortlassung jeglicher technischen Beschreibung durch Masse, Leistungsangaben usw.

Auch bei Auseinandersetzungen zwischen Teilhabern oder Erben einer industriellen Unternehmung erfüllen diese „Inventurtaxen" vollständig den gewünschten Zweck, da es den Beteiligten nur darauf ankommt, eine Liste der ihnen im übrigen genau bekannten einzelnen Maschinen usw. zu erhalten mit Angabe des Geldwertes der einzelnen Gegenstände zur Zeit der Auseinandersetzung.

2. Taxen als Unterlagen für finanzielle Transaktionen, die das Gemeinsame haben, daß der Betrieb der Unternehmung in ungestörter Weise fortgeführt werden soll, wie z. B. bei Umwandlung privater industrieller Unternehmungen in die Gesellschaftsform, Fusion zweier oder mehrerer Unternehmungen miteinander und ähnliches mehr.

Auch diese Taxen enthalten nur die Zeitwerte der einzelnen Maschinen usw., müssen dagegen die Maschinen und maschinellen Einrichtungen derartig kennzeichnen und beschreiben, daß eine Nachprüfung der Taxe in großen Zügen durch Vertrauensmänner der an der Transaktion Beteiligten möglich ist.

Der Unterschied zwischen den „Inventurtaxen" und den „Taxen für finanzielle Transaktionen" besteht mithin lediglich in der breiteren Kennzeichnung und Beschreibung der einzelnen Maschinen usw., um den an der Transaktion Beteiligten, denen die maschinelle Anlage im einzelnen nicht bekannt ist, ein Urteil zu ermöglichen,

---

[1]) Die Bezeichnung „*Inventurtaxe*" ist von dem Verfasser in seiner Praxis eingeführt und hat sich bewährt.

ob und in welchem Umfange ihnen die maschinelle Anlage eine
Garantie für das von ihnen einzugehende Risiko bietet.

Dabei kommt es jedoch diesen Beteiligten nicht darauf an,
allzu kleinlich ins einzelne zu gehen, also z. B. bei den Transmissionen
jede einzelne Riemenscheibe oder jeden Öler in der Taxe auf-
gezählt zu sehen. Sie wollen vielmehr nur aus der Taxe einen
Gesamtüberblick über die Größe der gesamten Anlage, über die
vorhandenen einzelnen größeren Objekte und über den reellen
Wert der Anlage erhalten, um danach ihre Entscheidung treffen
zu können.

3. Taxen zwecks Aufnahme von Hypotheken, Obligationsanleihen
usw. Diese Taxen unterscheiden sich von allen anderen Taxen
dadurch, daß sie nur diejenigen Maschinen und maschinellen Einrichtungen umfassen, die nach § 93ff. des Bürgerlichen Gesetzbuches „wesentliche Bestandteile“ des betreffenden Gebäudes bzw.
Grundstückes sind. Alle anderen nicht mit dem Gebäude bzw.
Grundstücke *fest* verbundenen Maschinen usw. gehören nicht in
diese Taxen hinein. Auch bei diesen Taxen kommt es lediglich
auf die Zeitwerte an. Außerdem muß die Kennzeichnung und
Beschreibung der einzelnen Maschinen eine derartige sein, daß
jeder Zweifel darüber, um welche Maschine usw. es sich handelt,
ausgeschlossen und eine Nachprüfung der in der Taxe angegebenen
Zeitwerte durch Dritte möglich ist.

4. Taxen für den Verkauf maschineller, zum Abbruch bestimmter
Anlagen. Bei diesen Taxen empfiehlt es sich außer der Angabe
der Zeitwerte, d. h. derjenigen reell geschätzten Werte, zu denen
die einzelnen Maschinen usw. zum Kauf angeboten werden sollen,
auch Angaben über die Anschaffungsjahre (Baujahre) der Maschinen
und über ihre ungefähren· Gewichte zu machen. Auch dürfte es
sich empfehlen, in der Taxe anzugeben, wessen Fabrikat die
Maschine ist. Ob auch die Anschaffungspreise in der Taxe anzugeben ·sind, wird der Entscheidung des Auftraggebers vor-
zubehalten sein.

Die Kennzeichnung und Beschreibung der Maschinen usw. in
der Taxe muß technisch so weitgehend sein, daß der für dieselben
zu interessierende Käufer sich ein ungefähres Bild der Maschinen
machen und danach beurteilen kann, ob dieselben für seine Zwecke
brauchbar wären oder nicht. Allzusehr ins einzelne gehende Beschreibungen wird öfters der Auftraggeber zu vermeiden wünschen,

um dem etwaigen Käufer zu Rückfragen Gelegenheit zu bieten und dadurch in unmittelbare Verhandlungen mit ihm zu kommen.

5. Vortaxen für Versicherungszwecke. Diese Taxen sind die ausführlichsten, insofern sie nicht nur die Zeitwerte, sondern auch die Anschaffungswerte zur Zeit der Taxation, die Anschaffungsjahre, die Gewichte, die Einzelpreise je Stück, Gewichtseinheit bzw. Größeneinheit, die Angabe der Fabrikanten der einzelnen Maschinen usw. enthalten sollen.

Die Kennzeichnung und Beschreibung der einzelnen Maschinen usw. hat so ausführlich wie möglich und jedenfalls in so eingehender Weise zu erfolgen, daß die Taxe jederzeit durch dritte Sachverständige auch dann noch auf ihre Richtigkeit nachgeprüft werden kann, wenn die einzelnen in der Taxe aufgeführten Maschinen usw., z. B. durch eine Feuersbrunst, zerstört und untergegangen, also nicht mehr vorhanden sind[1]).

Eine weitere wichtige Frage ist, welche Gegenstände in die Taxe einer maschinellen Anlage hineingehören und welche nicht.

[1]) Als Erläuterung zu den verschiedenen Arten von Taxen seien hier aus der Praxis des Verfassers einige kurze Beispiele angeführt. Die in den Beispielen angegebenen Preise entsprechen denen der Jahre 1920/21. Die in diesen sowie in später folgenden Beispielen angegebenen Namen von Fabrikanten und sonstigen Firmen sind aus Gründen der Diskretion durch fingierte Namen ersetzt.

1. Beispiel. Aus der **Inventurtaxe** einer Metallschraubenfabrik.

Fabriksaal B.

Pos. 456. Ein Schraubenautomat Nr. 603 . . . . *ℳ* 15 500
Pos. 457. Ein Vierspindel-Schraubenautomat Nr. 737 . . . . „ 39 200
Pos. 458. Eine Leitspindel-Drehbank Nr. 185 . . . . „ 9 850
Pos. 459. 69 lfdm Transmissionen . . . . „ 60 925
Pos. 460. 1192 lfdm Treibriemen . . . . „ 53 800

2. Beispiel. Aus der Taxe einer chemischen Fabrik, als **Unterlage für eine finanzielle Transaktion.**

Maschinen und Apparate.

Pos. 21. Ein kupferner, innen verzinnter Vakuumapparat, Höhe 1700 mm, Durchmesser 900 mm, Wandstärke 3 mm, mit Helm mit Gummidichtung, 3 Bullaugen in Messingfassung, mit Kühlschlangen aus verzinnten Kupferröhren, kompletter feiner Armatur, dreisäuligem eisernen Unterbau und Aufwindevorrichtung für den Helm mittels Handkurbel und Drahtseil . . . *ℳ* 95 700

Pos. 22. Eine Steingut-Kugelmühle, Fassungsvermögen 100 l, Trommeldurchmesser 700 mm, Trommelbreite 550 mm, mit eisernem Untergestell . . . . „ 11 650

In erster Linie müssen selbstverständlich alle in dem betreffenden Betriebe vorhandenen *Maschinen, Apparate* und *maschinellen Vorrichtungen* in die Taxe aufgenommen werden, welche zusammen

Pos. 54. 139,6 lfdm schmiedeeiserne Rohrleitungen, Röhrendurchmesser 65—110 mm, mit kompletten Armaturen, zus. . . . . ℳ 7 350

. . . .

Pos. 67. 26,50 lfdm Transmissionen, Wellendurchmesser 40—60 mm, komplett mit 21 verschiedenen Lagern, 6 Kupplungen und 26 verschiedenen Riemenscheiben, zus. . . . . „ 14 375

Pos. 68. 117 lfdm Treibriemen, in Breiten von 30—90 mm, zus. . . . „ 4 925

. . . .

3. Beispiel. Aus der Taxe einer Asphalt- und Dachpappenfabrik, zwecks Aufnahme einer Obligationsanleihe

Teerdestillation.

. . . .

Pos. 14. Vier schmiedeeiserne Teerdestillationsblasen, je für 6000 l Inhalt, Durchmesser je 2000 mm, Höhe je 2000 mm, je mit Perkins-Heizschlange und einem schmiedeeisernen Vorwärmer von 800 mm Durchmesser bei 1200 mm Höhe, je komplett mit Armaturen und den gußeisernen Rohrverbindungen von 100 mm Durchmesser zwischen Destillationsblase und Ölbehälter, sowie einschließlich der Einmauerungen und Verankerungen, zus. . . . . ℳ 32 400

Pos. 15. Ein schmiedeeiserner Ölbehälter, 3000 × 1000 × 1000 mm, zu etwa der Hälfte seiner Höhe in den Erdboden eingelassen und vermauert . . . . „ 1 800

. . . .

4. Beispiel. Aus der Verkaufstaxe einer zum Abbruch bestimmten Maschinenfabrik.

. . . .

Pos. 80. Eine Supportdrehbank, mit gekröpftem Bett, zum Lang- und Plandrehen von Hand, mit Reitstock zum Bohren, Spitzenhöhe 250 mm, größte Spitzenweite 1500 mm, größter Durchmesser in der Kröpfung 900 mm, größte Breite in der Kröpfung 120 mm, Universal-Planscheibe von 550 mm Durchmesser. Einschließlich 5 Bohrstangen, verschiedene Bohrmesser, Mutterschlüssel und Kurbeln, sowie einfachem Deckenvorgelege. Fabrikat Müller & Lehmann, G. m. b. H., Chemnitz. 3 Jahre in Betrieb gewesen, Gewicht ca. 1800 kg, Verkaufspreis ab Fabrikhof, unverpackt. ℳ 8 550

. . . .

Pos. 92. Ein Laufkran von 15 000 kg Tragkraft, mit direktem elektrischen Antrieb, mit Schienen, vier Motoren und einem Ersatzmotor, Spurweite 15 m, Gewicht ca. 14 000 kg, Verkaufspreis loco Fabriksaal, Abmontage usw. zu Lasten des Käufers . „ 86 000

. . . .

5. Beispiel. Aus einer Vortaxe für Versicherungszwecke. Siehe in dem Kapitel „Vortaxen für Versicherungszwecke", S. 53.

den technisch-maschinellen Betrieb der Unternehmung bilden, also alle *Kraftmaschinen, Arbeitsmaschinen* und sonstigen *maschinellen Vorrichtungen*, wie z. B. *Bekohlungsanlagen, Wasserreinigungsanlagen, Gurtförderer, Trolley-Hängebahnen, Transmissionen, elektrische Kraftleitungen usw.*

Zweifelhaft ist dagegen bereits, ob z. B. auch die *Fahrstühle* für *Personen- und Lastenbeförderung*, die *Beleuchtungs- und Heizungsanlagen*, die *Wasserleitungs- und Kanalisationsanlagen*, etwaige *Wohlfahrtsanlagen*, wie *Wannenbäder, Brausebäder* usw. sowie Einrichtungen ähnlicher Art, zu der maschinellen Anlage gehören oder zu dem Gebäude zu rechnen sind[1]).

Eine Entscheidung hierüber wird je nach den örtlichen Verhältnissen zu treffen sein, und werden hierbei auch die Wünsche des Auftraggebers berücksichtigt werden müssen.

Jedenfalls jedoch sind alle diejenigen Maschinen und maschinellen Vorrichtungen in die Taxe aufzunehmen, welche der Erzeugung der von der betreffenden Unternehmung hergestellten Fabrikate dienen und von dem Besitzer der Unternehmung auf „*Maschinen-Konto*" geführt werden.

Ähnlich verhält es sich mit den *Werkzeugen, Modellen, Zeichnungen* usw. und den *Fabrik- bzw. Betriebsutensilien*. Soweit diese dem eigentlichen technischen Betriebe, d. h. der *Fabrikation* dienen, liegt kein Hindernis vor, dieselben in die Taxe mit aufzunehmen, falls der Auftraggeber dies wünscht, oder wenn der Besitzer, wie dies häufig der Fall ist, Maschinen, Werkzeuge und Utensilien auf *einem und demselben Konto* führt. Dagegen gehören Möbel und Büromaschinen, wie Schreibmaschinen, Kopiermaschinen usw. nicht in die Taxe einer maschinellen Anlage hinein. Nur in besonderen Ausnahmefällen und auf ausdrücklichen Wunsch des Auftraggebers wären auch die vorgenannten Kontormaschinen mit abzuschätzen und gesondert in der Taxe aufzuführen.

Was die *Rohmaterialien* und *Betriebsmaterialien* anbetrifft, so gehören auch diese nicht in die Taxe hinein. Abgesehen davon, daß es sich im Ausnahmefalle nur um solche Materialien wie z. B. Stahl, Eisen und andere Metalle, eiserne Röhren, eiserne Träger usw. handeln könnte, welche zu dem Arbeitsgebiete des Maschineningenieurs gehören, ist eine Abschätzung dieser Materialien in den meisten Fällen schon deshalb kaum durchführbar, weil der Bestand

---

[1]) Näheres siehe auch in dem Kapitel „Vortaxen für Versicherungszwecke".

der vorhandenen Materialien sich ständig ändert. Nur bei Inventurtaxen oder bei Taxen für den Verkauf solcher bereits stillgelegter Anlagen, bei denen der noch vorhandene Bestand an Vorräten von Eisen, Blechen, Schrauben usw. für einen bestimmten Tag der Inventuraufnahme festgelegt werden soll oder sich nicht mehr ändert, könnte auch die Abschätzung und Aufnahme derartiger Roh- und Betriebsmaterialien in Frage kommen.

Unter keinen Umständen dagegen sollte ein gewissenhafter Taxator für maschinelle Anlagen es übernehmen, Gegenstände abzuschätzen und in seine Taxe einzusetzen, welche außerhalb seines eigentlichen Ingenieurberufes liegen[1]).

Ferner ist die Frage wichtig, in welcher Reihenfolge die einzelnen Gegenstände einer maschinellen Anlage in der Taxe aufgeführt werden sollen.

Auf den ersten Blick erscheint es am natürlichsten, die verschiedenen einzelnen Gegenstände in derjenigen Reihenfolge aufzuführen, welche dem *Gange der Fabrikation* entspricht.

Denkt man sich als Beispiel eine *Brauerei*, so würden zunächst die Betriebsmaschinen (Dampfkessel, Dampfmaschinen, Kühlmaschinen) kommen, dann der Reihe nach die Elevatoren nach den Malz- und Schrotböden, die Malzpoliermaschinen, Schrotmühlen, Maischbottiche, Maischpfannen, Läuterbottiche, Würzepfannen, Kühlschiffe, Bierkühlapparate, Gärbottiche und Lagerfässer, dann die Pichmaschinen und die Faßwaschmaschinen, die Filtrieranlagen, die Faßfüllapparate, Flaschenkellereimaschinen usw.

Eine derartige Anordnung bietet zweifellos viele Vorteile, weil sie gestattet, mit einem Blick sich ein Urteil darüber zu bilden, ob die maschinelle Einrichtung vollständig und in genügender Größe vorhanden ist.

Andererseits hat diese Anordnung der Taxe aber auch ihre Nachteile.

---

[1]) Dem Verfasser hat eine Taxe vorgelegen, in welcher der betreffende Ingenieur außer den Maschinen und maschinellen Vorrichtungen auch das Grundstück, die Gebäude, das Kontormobiliar, rund hundert *Pferde*, Pferdegeschirre und Stallutensilien, einen sehr großen Posten Glasflaschen usw. „auf Grund eigener Besichtigung und Schätzung" gewertet und in die Taxe eingesetzt hatte. Eine so vielseitige Sachverständigkeit wird mit Recht angezweifelt werden dürfen, und es sollte die Abschätzung derartiger, nicht in das Ingenieurgebiet fallender Objekte nur von den dazu berufenen Organen, wie Grundstückstaxatoren, Architekten, Tierärzten usw. vorgenommen werden.

Eine Taxe wird allerdings in erster Linie zu dem Zwecke aufgestellt, den *Geldwert der Anlage* zum Ausdruck zu bringen. Es ist aber nicht einzusehen, warum die Taxe gleichzeitig nicht auch anderen Zwecken der Unternehmung nutzbar gemacht werden sollte.

Vornehmlich kann dies geschehen für die jährlich wiederkehrenden *Inventuraufnahmen*, für die bessere *Kontrolle zur Instandhaltung der vorhandenen Maschinen* usw. und für *Versicherungszwecke*.

Für alle diese und ähnliche Zwecke ist es weit vorteilhafter, die einzelnen Gegenstände in derjenigen Reihenfolge in der Taxe anzuführen, in welcher sie *örtlich nebeneinander montiert* sind, d. h. die Taxe nach den *einzelnen Fabrikräumen* anzuordnen.

Eine derartige Anordnung würde dann beispielsweise bei der Taxe der vorerwähnten Brauerei folgende Reihenfolge ergeben: Kesselhaus, Maschinenhaus, Kühlmaschinenraum (Generatorraum usw.), Malzböden, Schrotböden, Sudhaus, Kühlhaus, Gärkeller, Lagerkeller, Pichhalle, Schwankhalle, Faßabziehraum, Flaschenkellerei usw.

Für jeden dieser Räume würden dann in der Taxe die in ihm befindlichen Maschinen, Apparate, Transmissionen usw. *gesondert* aufgeführt sein.

In welchen Fällen die eine oder die andere Anordnung empfehlenswerter ist, wird von den jeweiligen Umständen abhängen.

Die ersterwähnte Aufstellung, nach dem *Betriebsgange*, empfiehlt sich in allen denjenigen Fällen, in welchen ein Käufer für die Anlage gesucht wird, da sie diesem ohne weiteres einen Überblick gestattet, ob die Anlage *sachgemäß* und *vollständig* eingerichtet ist oder nicht.

Die zweite Art der Aufstellung, nach den *Betriebsräumen*, empfiehlt sich dagegen in allen denjenigen Fällen, in welchen es sich nicht um das Aufsuchen eines Käufers für die Anlage handelt, sondern um *finanzielle Transaktionen*, wie Umwandlung einer Privatunternehmung in die Gesellschaftsform, Aufnahme von Hypotheken oder sonstigen Anleihen, Abschluß von Versicherungen usw.

In diesen Fällen kommt es weniger darauf an, die für den Betriebsgang vorhandenen Einrichtungen aufzuzählen, als darauf, welchen *Geldwert* die vorhandenen Maschinen haben, und wie sich derselbe auf die einzelnen *Fabrikräume bzw. Gebäude* verteilt.

Auch für die verschiedenen mit diesen finanziellen Transaktionen und Versicherungszwecken verbundenen Nebenarbeiten, wie *Kontrolle durch Revisoren, Aufstellung von Inventuren, Positioneneinteilung* für *Versicherungspolicen usw.*, ist es von großem Vorteil, die Taxe nach den *einzelnen Fabrikräumen* angeordnet zu haben.

In allen denjenigen Fällen, in welchen die Taxe zum Zwecke des Verkaufes der maschinellen Anlage, bzw. der Umwandlung der Unternehmung in die Gesellschaftsform, oder zwecks Aufnahme von Hypotheken usw. aufgestellt wird, ist es der Stempel- und Steuerabgaben wegen, außerdem noch von Vorteil, in der Taxe eine Kennzeichnung der Maschinen, z. B. durch Unterstreichen der betreffenden Positionsnummern in der Taxe, in bezug darauf vorzunehmen, welche von den einzelnen Maschinen nach dem § 93ff. des Bürgerlichen Gesetzbuches als *wesentliche Bestandteile des Gebäudes* anzusehen sind und welche nicht[1]).

Von Wichtigkeit ist es ferner die Taxe, wie schon weiter vor erwähnt, übersichtlich zu gestalten, d. h. die einzelnen Positionen derselben auch nach ihrer *finanziellen Bedeutung* miteinander in Einklang zu bringen.

Aus diesem Grunde empfiehlt es sich, kleinere, gleichartige Gegenstände nicht einzeln aufzuzählen, sondern in *gemeinschaftliche Positionen* zusammenzufassen, und sinngemäß dies auch bei den *Rohrleitungen, Transmissionen, Treibriemen* usw. zu tun.

Obgleich es selbstverständlich ist, daß der Taxator die einzelnen Gegenstände, bzw. bei den Transmissionen, Rohrleitungen usw., die Einzelteile derselben, einen jeden für sich, abschätzen muß, genügt es dennoch in den weitaus meisten Fällen, wenn die sich hierfür eignenden Gegenstände in der Taxe *gruppenweise* zusammengefaßt sind.

Es wird dadurch auch vermieden, daß ganze Seiten der Taxe mit kleinen Einzelwerten verhältnismäßig unbedeutender Gegenstände angefüllt sind, welche die Übersicht und das Herausfinden der *Hauptwerte* erschweren.

Einzeln anzuführende *Hauptwerte* sind die *Betriebsmaschinen*, die *Arbeitsmaschinen* und die vorhandenen *größeren maschinellen Vorrichtungen*.

Nebenwerte, welche *gruppenweise* zusammengefaßt werden können, sind die *Transmissionen* mit allen ihren Einzelteilen, die

---

[1]) Näheres hierüber siehe in dem Kapitel „Maschinen als wesentliche Bestandteile von Gebäuden", S. 79ff.

Rohrleitungen mit ihren Armaturen, die *Treibriemen*, die Werkzeuge, Hilfsgeräte, Fabrikutensilien, sowie die Beleuchtungsanlagen usw.

Wünscht der Auftraggeber auch die Transmissionen, Rohrleitungen, Treibriemen usw. genau detailliert aufgeführt zu haben, so empfiehlt es sich, diese Einzelwerte in einem *Anhange zur Taxe* gesondert zusammenzustellen, in der Taxe selbst aber die gruppenweisen Angaben unter Bezugnahme auf diesen Anhang beizubehalten.

Einer jeden Taxe ist ein kurzes *Vorwort* voranzustellen. In demselben ist anzugeben, zu welchem Zwecke die Abschätzung erfolgte, auf welche Gegenstände sich die Taxe beschränkt, und besonders auch, für welchen Tag das Verzeichnis und die Zeitwerte der in der Taxe enthaltenen Maschinen usw. gültig sind. Als solcher ist der Tag anzusehen, an welchem die Aufnahme des Bestandes der in der Taxe angegebenen Gegenstände von dem Taxator beendet worden ist[1]).

Etwa während der Aufnahme noch vorgekommene Bestandsveränderungen müssen bei der Ausfertigung der Taxe berücksichtigt werden.

Diese Vorrede empfiehlt sich um so mehr, als der Zeitwert einer maschinellen Anlage, wie bereits in dem Vorangegangenen ausgeführt, je nach dem Zwecke der Abschätzung ein ganz verschiedener sein kann. Auch ist der Stichtag, für welchen die Werte der Maschinen berechnet sind, von Bedeutung. Ohne diesen Zweck und Stichtag zu kennen, würde eine Nachkontrolle der Taxe durch einen Dritten nicht immer zu einem richtigen Ergebnis führen[2]).

------

[1]) Eine Ausnahme bilden nur die Fälle, bei denen, wie z. B. nach einem stattgehabten Brande oder bei gerichtlichen Gutachten, dem Taxator die Aufgabe gestellt wird, das Verzeichnis der Maschinen und deren Werte für einen bestimmten, bereits zurückliegenden Tag festzustellen.

[2]) Aus der Praxis des Verfassers sei hier das Beispiel eines Vorwortes einer Taxe angeführt, die gelegentlich einer beabsichtigten Fusion erforderlich war.

Taxe der maschinellen Anlage der Firma I. Dudai & Co.
Maschinenfabrik für die Gasglühkörperfabrikation in Elsburg.

Die Taxe hatte den Zweck, wegen einer von der Firma beabsichtigten finanziellen Transaktion den Zeitwert der maschinellen Anlage festzustellen unter der Voraussetzung, daß der Betrieb in **ungestörter Weise** fortgeführt wird.

Es sind daher bei der Ermittlung der einzelnen Zeitwerte die Fracht- und Montagespesen entsprechend berücksichtigt worden. Auch wurde nur bei solchen

Abgeschätzt können selbstverständlich nur solche Maschinen usw. werden, welche der Taxator wirklich gesehen hat.

Häufig kommt es vor, daß eine oder die andere Maschine während der Anwesenheit des Taxators sich außerhalb befindet, oder einer Reparatur wegen außer Betrieb gesetzt und ganz oder teilweise demontiert ist.

In solchen Fällen muß dies in der Taxe besonders angegeben werden.

Bei auswärts befindlichen Maschinen darf der Wert derselben nur dann nach den Angaben des Auftraggebers in die Taxe eingesetzt werden, wenn diese Angaben glaubhaft belegt worden sind und wenn in der Taxe ausdrücklich vermerkt wird, daß und warum es sich nicht um die eigene Schätzung des Taxators handelt.

Bei demontierten Maschinen, auch wenn dieselben wieder für den Betrieb montiert werden sollen, und bei beschädigten, in Reparatur befindlichen Maschinen darf kein höherer Abschätzungswert in die Taxe eingesetzt werden als die betreffende Maschine am Tage der Abschätzung in ihrem nicht betriebsfähigen Zustande darstellt.

Bereits bestellte, aber noch nicht angelieferte Maschinen usw. dürfen selbstverständlich nicht in die Taxe aufgenommen werden.

Die einzelnen Positionen der Taxe sind durchlaufend zu numerieren.

Die Lebensdauer von Maschinen und maschinellen Vorrichtungen.

Die Lebensdauer einer Maschine läßt sich nicht theoretisch errechnen, weil sie abhängig ist von der Inanspruchnahme der

Maschinen, welche aus dem Betriebe ausrangiert sind, der Zeitwert auf weniger als 33$\frac{1}{3}$ % des Gesamtanschaffungspreises geschätzt.

Für die Transmissionen, Treibriemen und Rohrleitungen wurde ein Durchschnittszeitwert je laufender Meter, also einschließlich der Riemenscheiben, Lager, Kupplungen, Ventile, Hähne usw. für **jeden einzelnen Fabrikraum gesondert** ermittelt.

Die zu den einzelnen Maschinen gehörenden Vorgelege und Schutzvorrichtungen sind in den Preis der betreffenden Maschinen mit einbezogen worden.

Aufgenommen in die Taxe wurde die gesamte maschinelle Fabrikeinrichtung einschließlich der Werkzeuge, Hilfsgeräte und Fabrikutensilien.

Dagegen sind auf Wunsch der Firma die Zeichnungen und Modelle nicht in die Taxe mit aufgenommen worden.

Stichtag für das Vorhandensein und für die Zeitwerte der in der Taxe enthaltenen Maschinen und sonstigen Gegenstände ist der 26. Juni 1921.

Maschine und von den besonderen Verhältnissen, unter denen die betreffende Maschine arbeitet.

„Technisch" ist die Lebensdauer einer Maschine dann abgelaufen, wenn die Maschine so abgenützt ist, daß sie nicht mehr betriebsfähig ist.

Da nun aber niemand eine Maschine im Betriebe arbeiten lassen wird, ohne sie nicht durch immer wieder vorgenommene Reparaturen und Auswechslung von Ersatzteilen möglichst lange betriebsbrauchbar zu erhalten, stimmen die tatsächliche Betriebsbrauchbarkeit der Maschine und ihre „Lebensdauer" nicht immer überein. Man muß vielmehr zwischen „technischer" und „wirtschaftlicher" Lebensdauer unterscheiden.

Selbstverständlich kann eine Maschine durch immer wieder vorgenommene Reparaturen und neue Ersatzteile länger betriebsbrauchbar erhalten werden als die gleiche Maschine, für welche diese Sorgfalt und diese Aufwendungen nicht angewendet werden. Dies ist jedoch für ihre „wirtschaftliche" Lebensdauer ohne Bedeutung, denn es müssen auch die Kosten der sorgfältigen Behandlung und der immer wiederkehrenden Reparaturen der Maschine in Betracht gezogen werden. Man kann daher die „wirtschaftliche" Lebensdauer einer Maschine wie folgt definieren:

Die wirtschaftliche Lebensdauer einer Maschine, d. h. die Zeitdauer, in der die kaufmännische Amortisation ihres Anschaffungspreises zu erfolgen hat, ist dann abgelaufen, wenn die Gesamtsumme der zur Unterhaltung der Maschine in betriebsbrauchbarem Zustande aufgewendeten Kosten die Höhe ihres Anschaffungspreises erreicht.

Es wäre dies so zu verstehen, als ob die Maschine jeweilig vollständig aufgebraucht ist und nunmehr eine andere Maschine für den Betrag der aufgewendeten Unterhaltungskosten angeschafft ist, mit welcher der Betrieb fortgesetzt wird; und dies wiederholt, bis den neu aufzuwendenden Reparaturkosten nur noch der Altmaterialwert der Maschine gegenübersteht, so daß sich weitere Reparaturen „nicht mehr lohnen" würden.

Da die verausgabten Instandhaltungskosten der jeweilig vorhanden gewesenen Abnützung der Maschine entsprechen, ergibt sich aus dem Vorangeführten, daß die „wirtschaftliche" Lebensdauer die Grundlage bildet für die kaufmännische Bemessung der jährlichen Abschreibungen von dem Anschaffungspreise der Maschine.

Die „technische" Lebensdauer bildet dagegen die Grundlage für die Beurteilung der Betriebsfähigkeit und der noch möglichen Benutzungsdauer der Maschine.

Die „wirtschaftliche" Lebensdauer sowohl wie die „technische" Lebensdauer der einzelnen Maschinen sind natürlich sehr verschieden, je nach der Art der Konstruktion, ob es z. B. komplizierte Präzisionsmaschinen oder einfach gebaute, schnell oder langsam laufende Maschinen sind, und je nach der Art des von ihnen zu verarbeitenden Materials, wie schließlich auch je nach der Art ihrer Behandlung, ihrer Instandhaltung und der Inanspruchnahme ihrer Tätigkeit. Es ist selbstverständlich, daß dieselbe Maschine, wenn sie Tag und Nacht in Betrieb ist, doppelt so schnell abgenützt sein wird, als wenn sie nur für Tagesbetrieb verwendet wird.

Man kann daher auch nicht theoretisch die Lebensdauer für die einzelnen Gruppen von Maschinen bestimmen und sich hierbei rechnerisch auf die technische oder die wirtschaftliche Lebensdauer stützen, sondern man ist genötigt, auf praktische Erfahrungen zurückzugreifen.

Derartige Erfahrungsziffern über die Lebensdauer von Maschinen haben sich im Laufe der Zeit herausgebildet, und man kann sie in vielen Fällen den Abschätzungen zugrunde legen, wenngleich einzelne Maschinen in einzelnen, besonderen Fällen eine größere oder geringere Lebensdauer aufweisen.

Einmal werden diese Erfahrungsziffern den tatsächlichen Verhältnissen fast vollkommen gerecht, und dann muß man auch, gegenüber der Annahme einer längeren Lebensdauer, die fortdauernd auf den Markt kommenden Verbesserungen von Maschinen und modernen Neukonstruktionen, welche eine Entwertung der älteren Maschinen bedeuten, mit berücksichtigen.

Aber auch bei diesen Erfahrungsziffern muß man folgendes beachten: Spricht man davon, daß eine Maschine beispielsweise eine „Lebensdauer" von 20 Jahren hat, so ist darunter zu verstehen, *daß mit der Maschine 20 Jahre lang bei ordnungsmäßiger pfleglicher Behandlung der Maschine, täglich 12 Stunden gearbeitet werden kann, ehe sie derartig abgenützt ist, daß sie unbrauchbar wird und nur noch ihren Materialwert hat.*

Würde mit derselben Maschine täglich nur 6 Stunden gearbeitet werden, so würden selbstverständlich der Zeitrechnung nach

40 Kalenderjahre vergehen, ehe die technische Unbrauchbarkeit der Maschine eintritt. Im anderen Falle würde die Maschine schon nach 10 Kalenderjahren technisch unbrauchbar werden, wenn sie ununterbrochen Tag und Nacht, also täglich 24 Stunden in Betrieb wäre.

Dieser Umstand, daß es bei der Feststellung der „Lebensdauer" einer Maschine auf die tatsächlich von ihr geleistete Arbeitszeit unter Zugrundelegung einer Tagesarbeitszeit von 12 Stunden und nicht auf die Kalenderzeit ankommt, wird häufig übersehen und ist daher die Ursache für die vielfach auseinandergehenden Ansichten über die Lebensdauer von Maschinen.

Wenn z. B. die einen behaupten, daß die Lebensdauer von Dampfkesseln *höchstens* 30 Jahre betrage und die anderen dann darauf hinweisen, daß laut der „Statistik über das Alter der Dampfkessel" allein in Preußen Tausende von Dampfkesseln vorhanden seien, die ein *weit höheres* und wiederum Tausende, die ein *ebenso hohes* Alter haben[1]), so übersehen die letzteren, daß die betreffende Statistik nicht erkennen läßt, welche *Betriebszeit* die einzelnen Dampfkessel hinter sich haben und ob in den verschiedenen Gruppen die Dampfkessel alle gleichmäßig lange in Betrieb gewesen sind.

Ein Dampfkessel, der, wie z. B. in Zuckerfabriken, nur saisonweise, periodisch in Betrieb und in den Zwischenzeiten stillgelegt ist, wird eine längere Zeit von *Kalenderjahren* seine Lebensdauer erhalten als ein gleichartiger Dampfkessel, der nicht periodisch, sondern ununterbrochen in Betrieb steht. *Und dennoch haben beide Dampfkessel technisch die gleiche Lebensdauer, d. h. bei beiden ist die Summe der geleisteten Arbeitszeit bis zu ihrem Unbrauchbarwerden gleich groß.*

Außerdem darf man aber auch für die Abschätzung des Wertes von Maschinen usw., bei der Beurteilung von deren Lebensdauer nicht den wirtschaftlichen Wert außer acht lassen. Es ist z. B. nicht mehr der gleichwertige Dampfkessel, wenn der für ihn zulässige Dampfdruck wegen des hohen Lebensalters des Kessels um einige Atmosphären herabgesetzt werden mußte. Und es läßt sich z. B. auch eine Transmission, die bereits vor 60 Jahren gebaut und in Betrieb genommen wurde, nicht mit einer Transmission moderner Bauart gleichartig bewerten, selbst wenn sie von den

---

[1]) So *Prange*, „Die Theorie des Versicherungswertes in der Feuerversicherung", Teil II, 3. Buch, S. 48 u. f. (Jena, 1907.)

60 Kalenderjahren, die sie alt ist, 50 Jahre stillgelegt gewesen wäre.

Ein Lager oder eine Wellenkupplung alter Bauart und ein Lager oder eine Kupplung moderner Bauart sind, trotz des gleichen Zweckes, dem sie dienen, in ihrem Geldwert sehr verschiedenartige Gegenstände. Noch mehr tritt dieser Umstand in die Erscheinung, wenn man sich die Fortschritte im Maschinenbau während der letzten Jahrzehnte vergegenwärtigt. Man stelle sich doch einmal die mit überhitztem Dampf arbeitenden Dampfmaschinen neuester Bauart vor, gegenüber den einfachen Dampfmaschinen, die vor 50—60 Jahren gebaut wurden, oder die neuesten Verbrennungsmotoren, die modernen Werkzeugmaschinen usw. gegenüber ihren Vorgängern vor 40, 50 und 60 Jahren. Man wird dann bald zu der Überzeugung kommen, daß man bei Abschätzungen für die Feststellung der Lebensdauer von Maschinen mit einer Kombination von technischer und wirtschaftlicher Lebensdauer zu rechnen hat und dabei auch auf die Bauart der einzelnen Maschinen gebührend Rücksicht nehmen muß, um ihren Geldwert richtig abzuschätzen.

Von diesem Gesichtspunkte aus ausgehend, der also nicht allein die „technische" Lebensdauer, sondern auch die „wirtschaftliche" Lebensdauer und die mehr oder minder veraltete Bauart der einzelnen Maschine gegenüber den gleichartigen Maschinen neuester Bauart berücksichtigt, wird man bei der Abschätzung des zeitigen Geldwertes der Maschine selbstverständlich zu einer geringeren Lebensdauer der Maschine kommen, als wenn man nur die technische Lebensdauer ins Auge faßt oder gar, ohne Rücksicht auf die geleistete Arbeitszeit die Kalenderjahre seit Erbauung der betreffenden Maschine in die Berechnung einsetzt.

Erfahrungsziffern über die Lebensdauer einer jeden vorkommenden Maschine zu geben ist allerdings ausgeschlossen, weil das Gebiet der Maschinen und maschinellen Anlagen ein viel zu vielseitiges ist und die bei den einzelnen Maschinen mit zu berücksichtigenden örtlichen Betriebsverhältnisse viel zu verschiedenartige sind, als daß man feste Regeln für die Lebensdauer einer jeden Gattungsart von Maschinen aufstellen könnte[1].

---

[1] So auch der frühere Direktor des Vereins deutscher Ingenieure, Dr. Ing. *Peters*, in der „Zeitschrift des Vereins deutscher Ingenieure", Jahrgang 1886. S. 602: „Es kann nicht daran gedacht werden, die Abschätzung der zahllosen und vielgestaltigen Werkzeuge und Maschinen der Industrie in starre Formen zu zwingen und das sachgemäße Ermessen zurückzudrängen; letzteres wird niemals entbehrt werden können."

Die hier folgenden Erfahrungsziffern sollen daher auch nur für eine Anzahl der am häufigsten bei Abschätzungen vorkommenden Maschinen usw. einen *ungefähren* Anhalt für die „Lebensdauer" dieser Maschinen geben, wobei unter „Lebensdauer" wie schon weiter vor erwähnt, diejenige Zeit zu verstehen ist, während welcher die Maschine *technisch und wirtschaftlich* unter normalen Verhältnissen bei täglich *zwölfstündiger Arbeitszeit* in Betrieb gehalten werden kann, ehe sie vollständig abgewirtschaftet ist[1]).

Die längste *durchschnittliche* technisch-wirtschaftliche Lebensdauer von Maschinen, mit welcher man bei Abschätzungen rechnen sollte, ist 20 Jahre. Diese Lebensdauer kann im allgemeinen allen Kraft- und Arbeitsmaschinen zugebilligt werden[2]).

Im einzelnen ergeben sich dann folgende Ziffern, die unter oder über diesem Durchschnitt liegen und je nach den örtlichen Verhältnissen des Einzelfalles zu verwerten sind:

Dynamomaschinen für die Lichterzeugung in großen industriellen Betrieben, *Transformatoren* sowie die zugehörigen Kabel erreichen eine Lebensdauer von **15—25** Jahren.

Bei *Dampfkesseln* und *Wasserturbinen* kann man mit einer Lebensdauer von **10—25** Jahren rechnen, je nachdem es sich bei den Dampfkesseln um kompliziertere Wasserröhrenkessel usw. oder einfache Flammrohrkessel handelt. Finden sich Dampfkessel, deren Bauzeit länger als 25 Jahre zurückliegt, so sind entweder diese Dampfkessel in der Zwischenzeit öfters längere Perioden nicht in Betrieb gewesen oder sie waren früher für einen höheren Betriebsdruck bestimmt, als ihnen jetzt noch zugemutet werden kann, oder sie haben schon so viele Kosten für Reparaturen erfordert, daß ihre wirtschaftliche Lebensdauer bereits abgelaufen ist.

Eine Lebensdauer von etwa **18—20** Jahren, die sich jedoch in einzelnen Fällen auf etwa **25** Jahre verlängern kann, ist anzunehmen bei *Kranen, Hebezeugen, Aufzügen, Seilbahnen* und *Bekohlungsanlagen,* ferner bei *Trieurs, Getreidereinigungsmaschinen* und *Ölpressen,* sodann bei *Webstühlen* und Maschinen für die *Tuchfabrikation,* ferner bei Maschinen für die *Papierfabrikation, Pappen-*

---

[1]) Siehe auch: „Zeitschrift des Vereins deutscher Ingenieure", Jahrgang 1907, S. 1123, und Jahrgang 1910, S. 2196, ferner: „Technik und Wirtschaft", Monatsschrift des Vereins deutscher Ingenieure, Jahrgang 1910, S. 232 u. ff., sowie *Krafft, Guido,* „Die Betriebslehre", 7. Auflage, 1904, S. 53 u. ff.

[2]) So auch *Jul. H. West,* „Abschreibungen und Instandhaltungskosten in Fabrikbetrieben" („Technik und Wirtschaft", 1910, Heft 6, S. 335).

fabrikation, *Papierverarbeitung* und *Kartonnagenfabrikation*, sowie schließlich bei *Schrotmühlen*, *Haferquetschen* und *landwirtschaftlichen einfacheren · Maschinen*.

Dampfmaschinen, *Dampfturbinen* und *Gasmaschinen* haben eine Lebensdauer von **15—20** Jahren. Dagegen ist die Lebensdauer von *Dieselmotoren* geringer, auf etwa **10—15** Jahre anzunehmen.

Eine Lebensdauer von etwa **15—18** Jahren haben *Transmissionen*, ferner *Müllereimaschinen*, *Bäckereimaschinen* und Maschinen für die *Erzeugung von Makkaroni*, sowie *Fleischereimaschinen* und Maschinen zur *Trocknung von Gemüsen*.

Mit einer Lebensdauer von **14—16** Jahren kann man rechnen bei *Elektromotoren*, *Wasserrädern*, *Pumpen*, *Sägegattern* und *Holzbearbeitungsmaschinen*, ferner bei Maschinen für die Erzeugung von *Dextrin*, *Düngstoffen*, *Seifen*, *Teer* und bei Apparaten für *Gasfabriken*, sodann bei *Baumwollspinnerei-* und *Baumwollwebereimaschinen*, sowie bei Maschinen zur Herstellung von *Tapeten*, außerdem bei *Gerbereimaschinen* und Maschinen zur Herstellung von *Strumpf-* und *Strickwaren*, sowie von *Schuhen*.

Die eigentlichen *Brauereimaschinen*, wie *Maische-* und *Würzepfannen*, *Läuterbottiche* usw., desgleichen die *Destillierapparate* usw. in *Brennereien* und *Spritfabriken*, sowie in *Stärkefabriken* haben eine Lebensdauer von **12—15** Jahren.

Automobile, *Automobilmotoren* und *Bootsmotoren;* ferner Apparate und *Maschinen*, *welche chemischen Einwirkungen unterworfen* sind, sodann *Schalttafeln*, *Elektrizitätszähler*, *Akkumulatorenbatterien* und *elektrische Beleuchtungsanlagen*, desgleichen Maschinen für die *Hanfspinnerei*, *Appreturmaschinen*, *Ziegeleimaschinen* und Maschinen für die Herstellung von *Zement*, *Mörtel*, *Topwaren*, *Chamotte*, *Porzellan-* und *Glaswaren*, sowie schließlich Maschinen zur Fabrikation von *Hüten* und *Wäsche* erreichen eine Lebensdauer von **8—12** Jahren.

Dagegen ist für Maschinen in *Pulver-* und *Sprengstoffabriken* nur mit einer Lebensdauer von **6—8** Jahren zu rechnen.

Für *Rohrleitungen* ist es schwer, eine Lebensdauer anzugeben, da es bei diesen wesentlich darauf ankommt, wie sie verlegt sind und ob sie häufig abmontiert und wieder an anderer Stelle neu verlegt werden, wobei stets ein gewisser Teil an Rohrmaterial verloren geht. Auch kommt es sehr auf das Material der Rohrleitungen, ob Gußeisen, Schmiedeeisen, Kupfer, Blei usw. an und welchem

Zwecke sie dienen. Technisch dürfte die Lebensdauer mancher Rohrleitungen bis zu 50 Jahren hinaufgehen. In der Praxis dürfte es sich dagegen, wegen der vorerwähnten Umstände empfehlen, bei Abschätzungen mit einer weit geringeren Lebensdauer zu rechnen und dieselbe, je nach den örtlichen Verhältnissen, auf nur **10 bis 25 Jahre** anzunehmen. Das gleiche gilt auch für *elektrische Freileitungen.*

Bei *Heizungsanlagen,* die aus Metall hergestellt sind, ist gleichfalls mit einer Lebensdauer, je nach den örtlichen Verhältnissen, von **10—25 Jahren** zu rechnen.

Die festgestellte Lebensdauer einer Maschine ergibt als Hilfsmittel bei der Abschätzung die rechnerische Grundlage für die erste rohe Bestimmung ihres Zeitwertes.

Beträgt z. B. die angenommene Lebensdauer 20 Jahre, so wird man für jedes Jahr ihrer bereits stattgehabten Betriebstätigkeit 5% ihres Neuwertes absetzen, um rechnerisch ihren Zeitwert zu bestimmen.

Hierbei ist jedoch, wie schon weiter vor erwähnt, zu berücksichtigen, daß eine Maschine niemals bis auf den Nullpunkt verbraucht sein kann, weil sie immer noch, selbst wenn sie in keiner Weise mehr betriebsfähig ist, einen gewissen *Materialwert* repräsentiert.

Außerdem ist auch zu berücksichtigen, daß eine jede Maschine, solange sie noch betriebsfähig ist, einen gewissen ideellen *Betriebswert* repräsentiert, welchen sie ohne Rücksicht auf ihr Alter bis zu ihrer tatsächlichen Betriebsunbrauchbarkeit behält.

Man hat also bei allen Abschätzungen für die Ermittelung des Zeitwertes der Maschinen, ohne Rücksicht auf das Alter der betreffenden Maschine, an je einem Grenzwerte als *Betriebswert* der noch betriebsfähigen Maschinen und als *Materialwert* der nicht mehr betriebsfähigen Maschinen festzuhalten.

Als Mindestbetriebswert einer noch betriebsfähigen Maschine sind 30% ihres Neuwertes zur Zeit der Abschätzung zu rechnen. Bei guter Instandhaltung und sonstigen günstigen Verhältnissen können bis zu $33^1/_3$% ihres Neuwertes gerechnet werden.

Als Materialwert einer außer Betrieb gesetzten, nicht mehr betriebsfähigen Maschine sind 10% ihres Neuwertes zur Zeit der Abschätzung

*zu rechnen. Kann die Maschine jedoch zu ihrem größeren Teile
für einen Umbau noch verwendet werden, um durch diesen wieder
in eine betriebsfähige Maschine verwandelt zu werden, so kann ihr
Materialwert in diesem Falle bis zu 20% ihres Neuwertes abgeschätzt
werden.*

Ermittelung des Zeitwertes.

Wie schon in dem Vorhergehenden ausgeführt worden ist, ist
der *Zeitwert von Maschinen* je nach den jeweilig vorliegenden Verhältnissen ein verschiedener.

Es ist daher von wesentlicher Bedeutung, vor Bestimmung des
Zeitwertes festzustellen, *zu welchem Zwecke* die Taxe angefertigt
werden soll.

Will man den Zeitwert einer Maschine bestimmen, so hat man
zunächst den Neuwert derselben bzw. den Anschaffungspreis zu
ermitteln, den die Maschine bei Neubezug am Stichtage der Abschätzung haben würde. Bei der erheblichen Preissteigerung, die
alle Maschinen und maschinellen Einrichtungen nach dem Kriege
erfahren haben und die zur Zeit der Abfassung dieser Schrift je
nach den einzelnen Maschinengattungen etwa das Zwölf- bis
Zweiundzwanzigfache der Vorkriegszeit beträgt, kommen die Vorkriegspreise für eine Abschätzung gegenwärtig nicht mehr in Frage.
Es muß vielmehr auch denjenigen Maschinen, die bereits vor dem
Kriege angeschafft waren und seitdem sich im Betrieb befinden,
ein höherer Zeitwert zugebilligt werden, als sie gegenwärtig gehabt hätten, wenn die Preissteigerungen nach dem Kriege nicht
stattgefunden hätten. Dieser höhere Zeitwert wird unter Umständen, trotz der inzwischen stattgehabten Abnützung der einzelnen
Maschine zur Zeit noch ein Mehrfaches des Anschaffungspreises
sein, den die Maschine neu vor dem Kriege gekostet hatte. Zu
berücksichtigen ist dabei, daß auch alle Fracht- und Transportkosten, sowie die Montagekosten gegenwärtig um ein Mehrfaches
dieser Kosten gegenüber der Zeit vor dem Kriege gestiegen sind.

Am einfachsten geschieht die Ermittelung der Neuwerte bei
denjenigen Maschinen, die erst in neuester Zeit angeschafft sind,
durch Einsichtnahme in die Rechnungen und Kataloge der Fabrik,
welche die Maschinen gebaut hat.

Diese Unterlagen der betreffenden Maschinenfabrik werden meistens von dem Besitzer der maschinellen Anlage vorgelegt werden können und bilden einen wertvollen Anhalt für die Abschätzung. Bei Benutzung von Katalogen anderer Maschinenfabriken kommt man oft zu einem falschen Resultat, weil es bei Maschinen nicht nur auf die Konstruktion, sondern auch auf die mehr oder minder sorgfältige Ausführung der einzelnen Maschinenteile ankommt. Die Fabrikate erstklassiger Maschinenfabriken haben daher naturgemäß einen höheren Wert, als solche aus kleineren Werkstätten.

Meistens wird das Firmenschild der Maschinenfabrik, welche die Maschine gebaut hat, an der Maschine selbst angebracht sein, jedoch bieten diese Firmenschilder nicht immer eine Gewähr für den Ursprung der Maschine, weil öfters Maschinenhändler und kleinere Maschinenfabriken von ihnen nicht gebaute Maschinen mit ihrem eigenen Firmenschild versehen.

Den Namen der Ursprungsfirma zu wissen, sowie den Preis der Maschine zur Zeit ihres Ankaufs im Vergleich mit den zeitigen Verkaufspreisen derselben Firma, ist aber auch aus dem Grunde nötig, weil bei der gegenwärtig stark schwankenden Konjunktur auf dem Maschinenmarkte die Fabrikanten ihre Preise für die von ihnen hergestellten Maschinen des öfteren wechseln, selbst wenn die Konstruktion der Maschine, deren Dimensionen und deren Ausführung unverändert geblieben sind.

Auch ist es schon deshalb wünschenswert zu wissen, welche Fabrik die Maschine gebaut hat, weil man bei den in Betrieb befindlichen Maschinen mitunter nicht in der Lage ist, die Feststellungen hinsichtlich der Güte der Ausführung der Maschinen im einzelnen genau vornehmen zu können. Der mehr oder minder gute Ruf, welchen die Fabrikate der betreffenden Maschinenfabrik in Fachkreisen genießen, kann alsdann die eigenen Ermittelungen, ob es sich um Qualitätsware oder billige Marktware handelt, vorteilhaft ergänzen.

Hat man den Anschaffungswert der Maschinen zur Zeit der Abschätzung festgestellt, so schließt sich hieran die *Feststellung der Abnützung* der Maschinen.

Diese Feststellung kann und darf nur auf Grund einer eingehenden Untersuchung der Maschinen selbst erfolgen.

Handelt es sich dabei um in *Betrieb befindliche montierte* Maschinen, so muß man unter allen Umständen die Maschinen und ihre Leistungen sowohl *während ihres Ganges* beobachten, als auch die Maschinen *während ihres Stillstandes* untersuchen.

Bei *demontierten* oder *außer Betrieb* gesetzten Maschinen wird man gut tun, den Zeitwert um etwa ein Zehntel niedriger anzunehmen, als die Untersuchung der Maschine an und für sich ergibt, weil man bei ihnen nicht absolut sicher zu beurteilen vermag, ob die einzelnen Teile der Maschine während des Ganges derselben noch gut ineinanderarbeiten würden oder ob die Maschine nicht etwa Fehler hat, welche sich erst beim Betrieb zeigen würden.

Den Grad der Abnützung einer Maschine ziffermäßig zu bestimmen, bildet den schwierigsten und zugleich verantwortlichsten Teil der Abschätzung überhaupt. Er erfordert neben den hierzu nötigen technischen Kenntnissen auch die Fähigkeit, vorhandene Mängel der Maschine in Geldwerte umzurechnen.

Es ist nämlich durchaus falsch, die Abnützung nur nach Prozenten von dem Anschaffungspreise je nach der Anzahl der Jahre, welche seit der Anschaffung der Maschine verflossen sind, zu bestimmen. Eine derartige prozentuale Berechnung darf nur eine *rechnerische Grundlage* für die *rohe* Abmessung des Zeitwertes bilden, um für solche Maschinen, welche bereits 10, 15, 20 oder noch mehr Jahre in Betrieb, aber trotzdem verhältnismäßig noch gut im Stande sind, einen Grenzwert festzustellen, unter welchen bei der Abschätzung nicht herunterzugehen wäre.

Man begegnet sehr oft in großen industriellen Betrieben, und besonders in solchen mit gut eingerichteten, eigenen Reparaturwerkstätten, einzelnen bereits lange Jahre im Gebrauch befindlichen Maschinen, welchen man ihr Alter, infolge ihrer guten Instandhaltung, nur an einzelnen veralteten Konstruktionselementen ansieht. Derartige Maschinen würden bei einer nur rechnerischen Bewertung nach Prozenten vom Anschaffungspreise kaum noch mit einem nennenswerten Betrage in die Taxe eingesetzt werden können, trotzdem sie wegen ihrer guten Instandhaltung noch wertvoll sind und gute Dienste leisten.

Andererseits sieht man häufig noch verhältnismäßig neue Maschinen, welche so schlecht gehalten sind, daß sie weit weniger wert sind, als ihre rein prozentuale Abschätzung ergeben würde.

Es empfiehlt sich jedoch bei allen Abschätzungen, bei welchen der Betrieb der maschinellen Anlage *ungestört weiter fortgeführt werden soll, einen Mindestwert für alle noch in Betrieb befindlichen Maschinen festzusetzen.*

Als solch ein Mindestwert darf bei guter Instandhaltung der Maschinen *ein Drittel des Neuanschaffungswertes zur Zeit der Taxe* gerechnet werden.

In das Vorwort zur Taxe ist alsdann eine hierauf bezügliche Notiz einzuschalten.

Auch bei nicht mehr betriebsfähigen Maschinen ist jedenfalls der *Materialwert* und der *Wert noch zu verwendender Einzelteile* zu berücksichtigen.

———

Vorausgesetzt, daß eine Maschine für die verlangte Arbeitsleistung richtig konstruiert ist, wird sie diese Arbeit auch ohne weiteres leisten, wenn ihre einzelnen Teile aus *gutem Material, sorgfältig und genau in den vorgeschriebenen Dimensionen hergestellt sind.*

Minderwertiges oder schlechtes Material, nicht genügende Bearbeitung und natürliche Abnützung der einzelnen Teile durch den Gebrauch, chemische und mechanische Einflüsse, sowie Beschädigungen infolge Einwirkung äußerer Gewalt vermindern den Wert der Maschine.

Aus dem soeben Gesagten geht bereits hervor, auf welche Punkte sich die Untersuchung zur Abschätzung einer Maschine zu erstrecken hat. Die hier folgenden Ausführungen geben hierzu ergänzend noch einige besondere Anweisungen.

Befindet sich die zu untersuchende Maschine im Gang, so ist sie zunächst daraufhin zu beobachten, ob ihr Gang ein ruhiger, gleichmäßiger und eventuell leicht regulierbarer ist, oder ob sich Stöße oder sonstige Unregelmäßigkeiten, Geräusche und dergleichen zeigen, welche ordnungsgemäß nicht vorhanden sein dürfen.

Außerdem ist die *Arbeitsleistung* der Maschine zu beobachten, einmal um zu kontrollieren, ob dieselbe eine normale ist, dann aber auch, weil man aus der Arbeitsleistung vorhandene, aber äußerlich nicht sichtbare Fehler der Maschine erkennen kann. So z. B. bei *Spinnmaschinen,* wenn die von der Maschine gesponnenen Fäden während des Ganges der Maschine häufig reißen, ohne daß die Ursache hierzu in dem Fadenmaterial liegt.

Bei allen *Arbeitsmaschinen* wird die Untersuchung im einzelnen sich zunächst darauf erstrecken müssen, ob das *Gestell* noch tadellos ist oder ob es Sprünge zeigt, eventuell geflickt ist, oder durch Hammerschläge usw. beschädigt ist.

Wenngleich manche dieser Beschädigungen auf den Gang der Maschine keinen Einfluß haben, sondern nur Schönheitsfehler darstellen, so sind sie doch bei der Bewertung der Maschine zu berücksichtigen.

Alsdann sind die an der Maschine befindlichen *Zahnradgetriebe* bzw. *die einzelnen Zahnräder* daraufhin zu untersuchen, ob die Zähne bereits sehr abgeschliffen sind, oder gar, wie öfters der Fall ist, eine Anzahl der Zähne ausgebrochen ist.

Weiter sind die einzelnen *Lager* an der Maschine auf ihre Abnützung zu untersuchen, und besonders auch darauf, ob die Wellen in ihnen noch *zentrisch* laufen.

Die *Wellen* selbst sind im Hinblick darauf zu prüfen, ob und wie sehr sie durch das über sie hinweggleitende Fabrikat an einzelnen Stellen abgeschliffen sind oder gar sich verzogen haben.

Gleichfalls sind die *Schrauben* und *Spindeln* an der Maschine darauf zu besichtigen, ob die *Schrauben-* bzw. *Spindelgänge* noch intakt oder abgeschliffen sind, und ob die *Muttern* und *Schnecken* noch gut anziehen.

Alle *drehenden, gleitenden* und *ineinanderarbeitenden* Teile der Maschine, d. h. alle ihre laufenden Teile, sind auf den *Grad der Abschleifung*, welche sie durch ihre Bewegungstätigkeit erlitten haben, zu untersuchen.

Ferner ist zu untersuchen, ob die *Kanten* von *Gleit- und Führungsflächen* noch scharfkantig sind, oder ob sie z. B. infolge von Hammerschlägen schartige Stellen usw. zeigen. Auch ist festzustellen, ob die Maschine durch das von ihr verarbeitete Fabrikat, sowie durch Schmieröl, Staub, Rost und dergleichen angegriffen ist oder ob sie sich in sauberem und gutem Zustande befindet.

Bei *Elektromotoren, Dynamomaschinen* usw. hat die Untersuchung sich noch besonders auf die *Drahtwickelung* zu erstrecken, um festzustellen, ob diese durch die Erwärmung bereits gelitten hat. Man überzeugt sich hiervon, indem man kleine Stückchen der Drahtwickelung ablöst. Ist die Wickelung bereits sehr abgenützt, so zeigt sie sich mürbe und bröcklig.

Ferner ist nachzusehen, ob der *Kollektor* stark abgenützt bzw. abgeschliffen oder infolge von Funkenbildung rauh geworden ist.

Ersteres ist vornehmlich dann der Fall, wenn *Abnehmerbürsten* verwendet werden an Stelle von *Abnehmerkohlen,* welche den *Kollektor* nicht so stark angreifen.

Auch können Fehler in den Magneten vorhanden sein, die dadurch entstanden sind, daß verschiedene Teile der Drahtwickelung unter sich unmittelbare Verbindung haben. Man erkennt den Fehler daran, daß die betreffende fehlerhafte Spule sich beim Betrieb weniger erwärmt wie die anderen Spulen. Auch findet man, wenn man die Spannung an den Enden der Spulenwickelung mißt, daß die Spannung bei der fehlerhaften Spule geringer ist als bei den anderen Spulen.

Ob die Ankerwickelung Unterbrechung besitzt, so daß die Maschine fehlerhafterweise keine Spannung gibt, ermittelt man dadurch, daß man vermittelst eines Kupferdrahtes während des Betriebes der Maschine einen Teil des Kollektors kurzschließt. Ist eine Unterbrechung der Ankerwickelung vorhanden, so wird sich die Maschine schnell erregen und es wird sich bei Stromabgabe ein um den ganzen Kollektor mitlaufender blauer Funke zwischen zwei benachbarten Lamellen zeigen.

Bei dem Gebrauch von Abnehmer-Drahtbürsten pflegt sich mit der Zeit viel Kupferstaub im *Anker* anzusammeln und hier die Veranlassung zu Kurzschluß und Unbrauchbarwerden der Maschine zu geben, weshalb bei der Untersuchung auch hierauf zu achten ist.

Bei *Dampfmaschinen, Gasmotoren* und *Betriebsmaschinen* ähnlicher Art wird man einmal zu unterscheiden haben zwischen großen Maschinen mit einer hohen Betriebskraft einerseits und kleineren Maschinen von verhältnismäßig nur wenigen Pferdestärken andererseits, und dann auch zwischen den Fabrikaten bekannter erstklassiger Firmen und den öfters vorhandenen billigen Fabrikaten nicht so leistungsfähiger Maschinenfabriken.

Handelt es sich um in Gang befindliche große Betriebsmaschinen, deren von ihnen erzeugte Betriebskraft nach Hunderten von Pferdestärken zählt, so wird eine eingehende Untersuchung der Maschine durch den Taxator in den meisten Fällen weder nötig noch auch möglich sein.

Derartige große Maschinen sind fast ausnahmslos von angesehenen Firmen mit großer Sorgfalt durchkonstruiert, sehr genau gebaut und sorgfältig montiert worden. Sie bilden den Lebensnerv des ganzen Fabriketablissements, dessen Versagen große Störungen und Verluste nach sich ziehen würde. Infolgedessen stehen sie auch unter steter Aufsicht und Wartung zuverlässiger Personen, werden peinlich sauber und in gutem Zustande erhalten, und etwa notwendig werdende Reparaturen an ihnen werden sofort und sorgfältig ausgeführt.

Von diesem Gesichtspunkte aus wird sich der Taxator darauf beschränken können, festzustellen, ob die Maschine eine solche älterer Konstruktion ist oder allen Forderungen der Neuzeit entspricht und bereits die neuesten Verbesserungen aufweist. Er wird ferner sich über den *Dampfverbrauch* bzw. *Gasverbrauch* usw. der betreffenden Maschine zu informieren und aus der äußeren Besichtigung der Maschine auf ihren Zustand und den Grad ihrer natürlichen Abnützung zu schließen haben. Gegebenenfalls sind auch Untersuchungen mit dem *Indikator* vorzunehmen.

Mehr zu tun, z. B. auch Untersuchungen mit dem *Kalorimeter* und dem *Dynamometer* vorzunehmen oder den Zylinder derMaschine zu öffnen, den Kolben herauszunehmen usw., wird sich bei den in Rede stehenden großen Betriebsmaschinen fast immer schon aus dem Grunde verbieten, weil derartige Untersuchungen mit mancherlei lästigen Betriebsstörungen verknüpft sind und daher nicht die Zustimmung des Auftraggebers finden dürften. Auch liegen Untersuchungen dieser Art von Betriebsmaschinen nicht eigentlich, auf dem Gebiete der Taxation maschineller Anlagen, sondern müssen für diejenigen Fälle vorbehalten bleiben, in welchen es sich darum handelt, im besonderen die Leistung und die konstruktive Ausführung einer Betriebsmaschine festzustellen.

Anders liegt jedoch die Sache, wenn es sich um die Abschätzung kleinerer Betriebsmaschinen handelt, und besonders auch um solche Maschinen, welche nicht bekannten Maschinenfabriken entstammen.

Bei diesen Maschinen wird die Untersuchung sich in ähnlicher Weise, wie schon weiter oben für die *Untersuchung von Arbeitsmaschinen* ausgeführt, auf alle einzelnen Teile zu erstrecken haben. Besonders sorgfältig sind an diesen Betriebsmaschinen dann auch die *Zylinder, die Kolben* und der *Kurbelmechanismus* zu untersuchen.

Die am häufigsten hier vorhandenen Fehler äußern sich in Stößen und Unregelmäßigkeiten beim Gang der Maschine, welche den Wert der Maschine herabsetzen. Die Ursachen dieser Fehler sind meistens das Reiben und Schleifen des Kolbens und ein dadurch erzeugtes ungleiches Ausschleifen des Zylinders, sowie das unregelmäßige Abschleifen der Gleitbahnen, weil vielleicht die *Kolbenstange* lose im Kolben sitzt, der *Kurbelmechanismus* nicht ordentlich arbeitet, die *Keile* in den *Gestängeköpfen* nicht fest angezogen sind bzw. auch die *Kurbel* lose sitzt.

Oder die *Stopfbüchsen* schließen nicht dicht, und man findet die *Kolbenstangen* geritzt und verdorben, auch öfters krumm gebogen. Ferner treten infolge häufigen Heißlaufens der *Lager* und *Zapfen* übermäßige Abnützungen dieser Teile ein, welche schließlich ein zentrisches Laufen der Zapfen in den Lagern zur Unmöglichkeit machen.

Ähnliche Fehler findet man auch bei der Untersuchung von *Dampfpumpen, Kompressoren* usw.

Größere maschinelle Vorrichtungen, wie z. B. *Bekohlungsanlagen, Hängebahnen, Hebevorrichtungen* u. dgl., sind in gleicher Weise zu behandeln wie eine einzelne Maschine, d. h. sie sind gesondert auf ihre einzelnen Teile zu untersuchen und dementsprechend zu bewerten.

Die *Transmissionen* verändern vielfach ihre ursprüngliche Lage infolge von Senkung der Mauern, an denen sie befestigt sind, und infolge der außerdem auf sie einwirkenden Kräfte. Ist eine Transmissionswelle aber erst aus ihrer ursprünglichen Lage gewichen, so hat diese Verschiebung eine große Reibung zur Folge, und diese wiederum wirkt ungünstig auf alle Einzelteile der Transmission ein.

Man wird daher bei der Abschätzung des Wertes der Transmissionen sein Augenmerk besonders auch darauf zu richten haben, ob die Wellenleitungen *noch gut montiert* sind und *keine Verschiebungen* stattgefunden haben. Die einzelnen Lager usw. sind dann noch außerdem auf den mehr oder minder großen Grad ihrer Abnützung zu untersuchen.

Bei der Abschätzung von *Apparaten* und *Gefäßen* aus *Eisen, Kupfer* oder *sonstigem Metall*, z. B. in *Zuckerfabriken, Spritfabriken, chemischen Fabriken* usw., wird man vornehmlich darauf zu achten haben, in welchem Zustande sich die *Wandungen der Apparate* befinden, und ob dieselben noch ihre ursprüngliche Stärke haben, oder ob sie angegriffene *dünne Stellen, Einbeulungen, Risse, Löcher* usw. zeigen.

Demnächst ist festzustellen, ob sich im Innern der Apparate, an den *Wänden,* sowie an den *Einlaß- und den Ausflußöffnungen* Verschmutzungen oder feste Gebilde, *ähnlich dem Kesselstein in Dampfkesseln,* angesetzt haben, welche nicht nur eine eingehende Reinigung der Apparate erfordern würden, sondern auch zerstörend auf das Metall der Wände eingewirkt haben.

Ferner sind die Apparate auf das *Vorhandensein von Undichtig-keiten* zu untersuchen.

In ähnlicher Weise hat auch die *Untersuchung von Dampf-kesseln und Dampffässern* zu erfolgen.

Meistens wird bei diesen jedoch und besonders stets dann, wenn sich die Dampfkessel in Betrieb befinden, eine Unter-suchung durch den Taxator ausgeschlossen sein, weil die Dampf-kessel infolge ihrer Einmauerung nicht zutage liegen, und auch wegen ihrer Füllung und ihrer Feuerung nicht befahren werden können.

Die Abschätzung läßt sich aber trotzdem auf Grund der amt-lichen *Dampfkessel-Revisionsbücher* vornehmen, aus welchen nicht nur die genaue Beschreibung der Kessel selbst, sondern auch alle Mängel und Fehler, welche an den Kesseln bei den amtlichen Revi-sionen vorgefunden wurden, zu ersehen sind.

Handelt es sich dagegen um außer Betrieb gesetzte Dampf-kessel und Dampffässer, welche der Taxator selbst untersuchen kann, so wird vornehmlich zu prüfen sein, ob und wieviel die Kesselbleche von ihrer *ursprünglichen Stärke* bereits verloren haben, welche *Rostschäden* der betreffende Kessel aufweist, ob er infolge Überhitzung einzelner Bleche *ausgebaucht* oder *durchgebrannt* ist, und ob er *Undichtigkeiten, Einbrüche, Risse* oder *Furchen* aufweist.

Ferner ist das mehr oder minder starke *Vorhandensein von Kesselstein* zu berücksichtigen.

Die Untersuchung der Blechstärken hat durch Anbohren zu erfolgen und sind Bleche, welche *mehr als ein Drittel* ihrer ursprüng-lichen Stärke verloren haben, als solche anzusehen, welche für die fernere Benutzung des Dampfkessels *unbrauchbar* sind und durch *neue ersetzt werden müssen.*

Die Rostschäden, welche sich vornehmlich an den unteren Teilen des Kessels und an den Siederohren vorfinden, pflegen besonders sehr umfangreich zu sein, wenn die Heizgase etwas schweflige Säure enthalten haben.

Alle im Vorstehenden erwähnten Untersuchungen müssen selbstverständlich, soweit für sie Auge und Hand nicht ausreichen, unter *Zuhilfenahme von Meßinstrumenten und sonstigen technischen Hilfsmitteln* vorgenommen werden.

Die Abnützung einer Maschine ergibt sich aus dem Verschleiß ihrer einzelnen Teile.

Ist dieser Verschleiß derartig groß, daß die Maschine kein fehlerfreies Fabrikat mehr liefert und erstreckt er sich auch auf alle Teile der Maschine, so daß es unwirtschaftlich wäre, die einzelnen abgenützten Teile durch neue zu ersetzen, so hat man die Maschine als eine solche anzusehen, *deren Lebensdauer abgelaufen ist.* Der Geldwert der Maschine besteht dann nur noch in ihrem *Altmaterialwert.*

Handelt es sich dagegen nur um einzelne Teile der Maschine, wie Zahnradgetriebe, einzelne Lager, Wellen usw., welche abgenützt oder beschädigt sind, so ist zu berücksichtigen, daß durch den Ersatz der abgenützten Teile durch neue Stücke die Maschine wieder fast ihren zeitigen Neuwert erhalten würde.

Es ergibt sich hieraus für die Abschätzung von Maschinen:

Die Abnützung einer Maschine wird durch denjenigen Betrag ausgedrückt, welcher aufzuwenden ist, um durch Reparaturen und neue Ersatzstücke die Maschine wieder in einen Zustand zurückzuversetzen, der ihrem ursprünglichen neuen Zustande entspricht.

Um diesen Betrag zu ermitteln, hat man zunächst den *Grad der Abnützung* festzustellen, welchen die einzelnen Teile erlitten haben, denn man darf nicht ohne weiteres für jede erst beginnende Abnützung eines Einzelteiles einer Maschine den vollen Neuwert dieses Teiles in Ansatz bringen.

Man wird also festzustellen haben, welche *Betriebszeit* der Maschine erforderlich gewesen ist, um die vorliegende Abnützung hervorzurufen, und wird daraus zu ermitteln haben, welche weitere Betriebszeit die Maschine noch in Tätigkeit sein kann, che die Abnützung so groß geworden sein.wird, daß ein *ordnungsgemäßes Arbeiten* mit der Maschine nicht mehr möglich ist, und ein *Neuersatz* der einzelnen Teile stattfinden muß.

Rechnet man alsdann für die *vollständige Abnützung* den vollen Neuwert des zu ersetzenden Maschinenteiles, zuzüglich der Beschaffungs- und Montagekosten des Ersatzstückes bzw. die vollen Reparaturkosten, so wird man, *entsprechend der bereits stattgehabten Betriebsdauer* und derjenigen Betriebsdauer, welche die Maschine noch bis zum Neuersatz des betreffenden Teiles im Gange sein kann, die auf die bereits stattgehabten Abnützung entfallende *Rate vom Neuwert* bzw. Anschaffungswert feststellen können.

Die Gesamtsumme der auf diese Art ermittelten Abnützungswerte der einzelnen Teile ergibt den Betrag, um welchen die Maschine zur Zeit ihrer Abschätzung infolge ihrer Abnützung weniger wert ist als ihr Neuwert bzw. Anschaffungswert beträgt.

Subtrahiert man diesen Betrag von dem Neuwerte bzw. von dem Anschaffungswerte der Maschine zur Zeit der Abschätzung, so erhält man ihren Zeitwert.

Der in dem vorstehenden Satze befindliche Hinweis auf den *Anschaffungswert* der Maschine gibt bereits zu erkennen, daß bei der Festsetzung des Zeitwertes die gehabten Fracht-, Montage- und sonstigen Kosten sinngemäß zu berücksichtigen sind.

Dies geschieht, indem man die voraussichtliche Lebensdauer der Maschine feststellt und die Fracht-, Montage- und sonstigen Kosten, wie sie zur Zeit der Abschätzung aufzuwenden wären, gleichmäßig auf die Lebensjahre der Maschine verteilt. Die Lebensdauer ist, wie bereits in dem vorangegangenen Kapitel über die Lebensdauer von Maschinen ausgeführt worden ist, je nach der Konstruktion der Maschine, ihrer Tourenzahl, der Qualität des für sie verwendeten Materials, der bei ihrer Herstellung verwendeten Sorgfalt und vor allem der Arbeit, welche die Maschine zu leisten hat, eine verschiedene. Auch ist für die Lebensdauer einer Maschine die Art ihrer Behandlung bzw. ihre Instandhaltung von wesentlicher Bedeutung.

Die voraussichtliche Lebensdauer einer Maschine oder maschinellen Vorrichtung kann also nur von Fall zu Fall bestimmt werden.

Bedeutet n den Neuwert einer Maschine, a den Wert ihrer Abnützung, k den Wert der für sie aufgewendeten Fracht-, Montage- und sonstigen Kosten, l ihre voraussichtliche Lebensdauer in Jahren ausgedrückt, und r den Rest der Lebensdauer gleichfalls in Jahren ausgedrückt, den die Maschine unter Abrechnung der bereits abgelaufenen Betriebsjahre noch vor sich hat, so ist ihr *Zeitwert Z im Falle* ungestörten Fortganges des Betriebes

$$Z = n - a + \frac{k \cdot r}{l}$$

Im Falle die Maschine dagegen abgebrochen werden soll, um an einem anderen Orte wieder neu montiert zu werden, dann dürfen die bei ihrer Anschaffung aufgewendeten Fracht-, Montage- und sonstigen Kosten nicht mehr gerechnet werden. Dagegen sind die Kosten der Demontage d in die Rechnung einzusetzen.

Der *Zeitwert Z_1* einer zum *Abbruch und Wiederaufbau* bestimmten Maschine stellt sich dementsprechend unmittelbar *vor ihrem Abbruche* auf

$$Z_1 = n - a - d$$

Nach erfolgter Instandsetzung und Neumontage ist der *Zeitwert Z_2* derselben Maschine *an ihrem neuen Betriebsorte*

$$Z_2 = n - a + i + k_1$$

wobei i die Kosten der Wiederinstandsetzung und k_1 die *neu* anfgewendeten Spesen, d. h. die Kosten des Transportes der Maschine von ihrem bisherigen an ihren neuen Betriebsort und die Kosten der Montage usw. an ihrem neuen Betriebsorte bedeuten.

Häufig wird dem Taxator die Aufgabe gestellt, den Zeitwert neuer Maschinen zu bestimmen, welche noch nicht in den Verkehr gebracht worden sind. Dieser Fall tritt besonders dann ein, wenn es sich um den Verkauf oder um die Auflösung einer Maschinenfabrik handelt, und hierbei die auf *Lagervorrat* hergestellten *Fertigfabrikate* der Maschinenfabrik für einen Käufer abgeschätzt werden sollen, welcher sie zum Zwecke des *Weiterverkaufes* erwirbt.

Es ist dann also zu berücksichtigen, daß dieser Käufer die Kosten und das Risiko des Weiterverkaufes zu tragen haben wird, und daß ihm trotzdem noch ein Nutzen aus dem Weiterverkauf verbleiben soll. Letzteres wäre jedoch ausgeschlossen, wenn er für die Maschinen den vollen Marktpreis zu bezahlen hätte.

Andererseits ist von dem Verkäufer dieser Maschinen nicht zu verlangen, daß er dieselben ohne jeden Nutzen für sich, nur gegen Erstattung der bis dahin gehabten Herstellungskosten an den Käufer abgibt.

Um beiden Parteien gerecht zu werden, wird der Taxator am richtigsten vorgehen, wenn er, unter Zugrundelegung der ortsüblichen Durchschnittspreise für Material, Löhne usw. die Herstellungskosten des Fabrikanten kalkuliert und außerdem, im Vergleich zu den durchschnittlichen Verkaufspreisen gleichartiger Maschinen auf dem Maschinenmarkte, den Verkaufspreis, zu welchem die Maschinen von dem Käufer in den Verkehr gebracht werden können.

Der *mittlere Wert* zwischen dem auf diese Weise gefundenen Herstellungspreise und dem Verkaufspreise wäre alsdann der von dem Taxator anzugebende *Zeitwert* der Maschinen.

Die Abschätzung der Werkzeuge, Modelle, Zeichnungen, Jacquardkarten, Fabrikutensilien usw.

Wie schon weiter vor erwähnt, werden häufig die Werkzeuge, Modelle usw. als Zubehöre der maschinellen Anlage mit in die Taxe der letzteren aufzunehmen sein.

Für die Abschätzung dieser Zubehöre muß man nun andere Grundsätze aufstellen als für die Abschätzung einzelner großer Maschinen oder maschineller Vorrichtungen. Der Grund hierfür ist, daß es sich bei den Werkzeugen, Modellen, Zeichnungen usw. fast in allen Fällen um eine sehr große Anzahl im wesentlichen gleichartiger Gegenstände handelt, die einzeln genommen einen relativ geringfügigen Geldwert haben.

Von Ausnahmefällen abgesehen, wie sie bei Inventurtaxen, Verkaufstaxen und Brandschädenabschätzungen gelegentlich vorkommen, wird daher von dem Grundsatze auszugehen sein, daß es für Maschinentaxen genügt, wenn bei Werkzeugen usw. die annähernd gleichartigen und gleichwertigen Gegenstände in Gruppen zusammengefaßt und gruppenweise summarisch abgeschätzt werden.

Es wird sich dieses Vorgehen auch um so mehr empfehlen, als es in großen industriellen Unternehmungen mit ihren sehr erheblichen Mengen im Betrieb an die Arbeiter und in Werkzeugausgaben verteilter Handwerkzeuge, Maschinenwerkzeuge usw., dem Taxator in den meisten Fällen gar nicht möglich sein wird, alle Werkzeuge usw. im einzelnen zu besichtigen und einzeln abzuschätzen. Das gleiche gilt aber auch für die großen Mengen von Modellen auf den Modellböden, die zahlreichen Zeichnungen in den Schränken der Zeichnerbüros, die kleineren Hilfsgeräte und Fabrikutensilien, etwaige Muster, Jacquardkarten usw. In vielen Fällen wird es dem Taxator nicht einmal möglich sein, eine *genaue* Liste der von jeder Art vorhandenen Mengen aufzustellen, da selbst die vorhandenen Jahresabschlußinventuren und andere von der industriellen Unternehmung gemachten Aufstellungen oft nicht mehr zutreffend sind.

In den meisten Fällen wird es also darauf hinauskommen, Gruppen wesensgleicher Gegenstände zu bilden, an diesen Gruppen Stichproben zu machen und auf Grund der Stichproben Durchschnittsmengen und Durchschnittswerte rechnerisch und schätzungsweise festzustellen, mit Hilfe derer dann die vorhandenen Werkzeuge usw. gruppenweise summarisch geschätzt werden können.

Selbstverständlich ist dieses Verfahren nur mit Zustimmung des Auftraggebers zulässig und auch nur in den Fällen, in denen die tatsächliche Unmöglichkeit für den einzelnen Taxator vorliegt, während des im Gange befindlichen Betriebes der betreffenden Unternehmung die vorhandenen Werkzeuge usw. nach Art, Menge und Wert im einzelnen richtig festzustellen und einzeln abzuschätzen.

Für die Zulässigkeit des gruppenweise-summarischen Abschätzungsverfahrens spricht auch der Umstand, daß dieses Verfahren fast genau richtige, der Wirklichkeit entsprechende Ergebnisse liefert, weil fast stets die Unternehmer selbst oder doch deren Beamte, wie Betriebsingenieure, Meister usw. ein ziemlich sicheres Gefühl für die Mengen der vorhandenen verschiedenen Arten von Werkzeugen usw. haben und den Taxator bei seinen Aufnahmen unterstützen. Jedenfalls erhält man mit dem Verfahren der gruppenweise-summarischen Abschätzung weit richtigere Ergebnisse, als wenn man für *alle* Werkzeuge usw., wie dies in vielen Fällen geschieht, eine Durchschnittsmenge und einen Durchschnittsprozentsatz des Neuwertes als Zeitwert annimmt.

Die Hauptschwierigkeit für die gruppenweise-summarische Abschätzung liegt in der richtigen Bildung der Gruppen selbst.

Ohne weiteres läßt sich zunächst bei jeder industriellen Unternehmung voraussetzen, daß sie, gleichviel ob es sich um Werkzeuge, Modelle, Zeichnungen, Muster, Jacquardkarten oder dergleichen handelt einen Teil derselben unbedingt im Betriebe gebraucht, einen anderen Teil nur noch gelegentlich gebraucht, einen weiteren Teil nicht mehr gebraucht und voraussichtlich auch nie wieder gebrauchen wird und außerdem, im besonderen an Werkzeugen, einen gewissen Vorrat in Reserve hat, der aus neuen, noch nicht in den Betrieb gegebenen Stücken besteht.

Hieraus ergibt sich bereits für jede Gattungsart eine Einteilung nach vier Wertgruppen: neu; wenig abgenützt und dringend ständig gebraucht; mehr oder minder abgenützt aber nur noch gelegentlich bei vereinzelten Nachbestellungen zu gebrauchen; unbrauchbar bzw. nicht mehr verwendbar und daher nur noch Materialwert.

Diese Einteilung nach vier Wertgruppen läßt sich sinngemäß bei allen Werkzeugen, Zeichnungen, Modellen, Mustern, Jacquardkarten usw. anwenden, wenngleich es bei den Zeichnungen, Mustern, Jacquardkarten usw. weniger auf die Abnützung als auf die durch die Konjunktur auf dem allgemeinen Markte geschaffene Verwendungsmöglichkeit ankommt. Die beste Konstruktionszeichnung z. B. einer Maschine hat bei der Abschätzung der maschinellen Einrichtung einer Maschinenfabrik nur noch Makulaturwert, wenn die betreffende Maschine nicht mehr gebaut wird, weil sie durch eine neue Erfindung überholt ist. Und gleicherweise haben die Modelle für den Bau dieser Maschine und wären sie ganz neu hergestellt, dann nur noch ihren Materialwert als altes Eisen oder Brennholz. Dagegen können Zeichnungen, Modelle usw., selbst wenn sie bereits stark abgenützt sind, aber sofort gebraucht werden, unter Umständen einen höheren Wert haben, als ihr Neuwert war.

Baut man diesen Grundsatz weiter aus, daß *für die Abschätzung der Werkzeuge, Zeichnungen, Modelle usw. weniger der Zustand, in dem sie sich befinden, in Frage kommt, als die jeweilige Lage auf dem Markte der Erzeugnisse, zu deren Herstellung sie gebraucht werden*, dann ergibt sich folgendes Vorgehen bei der Abschätzung.

Man wird zunächst für jede Gattungsart, wie Werkzeuge, Zeichnungen, Modelle usw. Untergruppen bilden, die in der Natur der einzelnen Gattungen selbst liegen.

Bei den Werkzeugen z. B. wird man zunächst die Untergruppen Handwerkzeuge, wie Hämmer, Zangen. Feilen usw., und Maschinenwerkzeuge, wie Schnitte, Stanzen usw. bilden. In diesen Untergruppen wird man wieder weiter Untergruppen bilden, z. B. die Feilen, Drehstähle, Spiralbohrer, Reibahlen usw. je in eine Gruppe nehmen und in diesen wiederum Untergruppen nach den Dimensionen bilden. Bei den Schnitten und Stanzen usw. wird man, je nach ihrer Art, Untergruppen bilden, z. B. von einfachen Schnittwerkzeugen und Stanzwerkzeugen oder von Schnittwerkzeugen für

Fassons oder von kombinierten Schnitt- und Stanzwerkzeugen für runde und einfache Formen oder für fassonierte Formen usw. Oder man wird Untergruppen bilden, indem man diese Schnitte, Stanzen usw. je nach dem Erzeugnisse, dem sie dienen, zusammenfaßt, z. B. eine komplette Einrichtung zur Herstellung von zwei Typen Fleischhackmaschinen, bestehend aus insgesamt 48 verschiedenen Schnitten, Ziehwerkzeugen und Stanzen usw.[1]).

---

[1]) Einige kurze Beispiele aus der Praxis des Verfassers seien hier angeführt. Die Preise entsprechen denen der Jahre 1920/21:

1. Beispiel: Aus der Taxe einer **Spezialfabrik für elektrische Signalapparate, Laternen und Taschenlampen.**

Werkzeuge.

. . . .

Pos. 375.	294 verschiedene Hämmer . . . . zus.	ℳ	685
Pos. 376.	163 „ Zangen . . . . zus.	„	820
Pos. 377.	945 „ Feilen . . . . zus.	„	5245

Pos. 378. 637 verschiedene Handwerkzeuge, wie Feilkloben, Schraubenzieher, Meißel, Durchschläge, Zapfensenker, Vorstecker, Bohrer, Messer, Mutternschlüssel, Lötlampen usw. . . . zus. „ 5815

Pos. 379. 59 verschiedene Meßwerkzeuge, wie Zirkel, Taster, Lehren, Mikrometer, Wasserwagen, eiserne Lineale und Winkel, Lupen usw.. . . . . zus. „ 3480

Pos. 380. 81 verschiedene Werkzeugzubehöre, wie Stempel, Zahlen, Buchstaben, Gravierstichel, Spritzpistolen usw. . . . zus. „ 1245

Pos. 381.	125 verschiedene Drehstähle . . . . zus.	„	1535
Pos. 382.	521 „ Spiralbohrer, 1—5 mm . . . . . . zus.	„	980
Pos. 383.	134 „ Spiralbohrer, 5,1—20 mm . . . . . zus.	„	1295
Pos. 384.	19 „ Spiralbohrer, 20,5—37 mm. . . . . zus.	„	510
Pos. 385.	123 „ Reibahlen . . . . zus.	„	2730

Pos. 386. 55 „ Fräser, wie Modul-Zahnfräser, Winkelfräser, Spezialfräser usw.. . . . . zus. „ 2745

. . . .

Schnittwerkzeuge und Stanzwerkzeuge.

. . . .

Pos. 415. 991 verschiedene, einfache Schnittwerkzeuge mit Vorlocher und einfache Stanzwerkzeuge; Schnittfläche bis 30 mm × 30 mm zus. ℳ 382 140

Pos. 416. 577 verschiedene, einfache Schnittwerkzeuge mit Vorlocher und einfache Stanzwerkzeuge; Schnittfläche bis 70 mm × 70 mm zus. „ 402 870

Pos. 417. 228 verschiedene Schnittwerkzeuge für Fassons mit Seitenschneidern und Vorlochern, sowie runde Züge; Schnittfläche bis 70 mm × 70 mm . . . . zus. „ 220 350

Pos. 418. 135 verschiedene, kombinierte Schnitt- und Stanzwerkzeuge für runde und einfache Formen, sowie einfache Blockschnittwerkzeuge . . . . zus. „ 173 100

. . . .

Pos. 518. 101 verschiedene, kombinierte Schnitt- und Stanzwerkzeuge für fassonierte Formen, sowie komplizierte Blockschnittwerkzeuge . . . . zus. „ 155 225

. . . .

Bei den *Zeichnungen* kann man sinngemäß ähnlich verfahren. Man kann die Zeichnungen entweder nach ihrer Größe in Gruppen teilen und dann Untergruppen bilden, je nach dem Maßstabe, in dem die Zeichnungen ausgeführt sind, wie Konstruktionszeichnungen der ganzen Maschine im verkleinerten Maßstabe, Detailzeichnungen einzelner Teile in natürlicher Größe, Werkstattzeichnungen, Blaupausen, Bleistiftzeichnungen, mit Tusche ausgezogene und farbig angelegte Zeichnungen usw. oder man kann die Zeichnungen in Gruppen zusammenfassen, von denen jede Gruppe alle diejenigen Zeichnungen umfaßt, die zusammen zu einem Ganzen gehören, z. B. alle Zeichnungen für den Bau der Hobelmaschine Type XY oder alle Zeichnungen für den Bau des Laufkrans Type Z usw.

In gleicher Weise ist bei den *Modellen* vorzugehen. Entweder bildet man Gruppen nach der Größe der Modelle und nach ihrer Art, z.B. Modelle für Maschinengestelle, Zahnräder, kleinere Einzelteile der Maschine usw. oder man faßt alle Modelle, die zu einer Maschine gehören, zusammen, also z. B. alle Modelle für den Bau der Hobelmaschine Type XY oder alle Modelle für den Bau des Laufkrans Type Z usw.

Daß man außerdem die Modelle auch nach dem Material, aus dem sie hergestellt sind, wie Eisen, Holz, Gips usw. zu werten hat, ist selbstverständlich.

Die Gruppenbildung der *Muster, Jacquardkarten* usw. wird sich von Fall zu Fall den örtlichen Verhältnissen anzupassen haben und in derselben Art und Weise wie im Vorhergehenden geschildert, sinngemäß auszuführen sein. Nur wird bei diesen Gegenständen die jeweilige Mode auf dem Markte der Erzeugnisse der betreffenden

---

2. Beispiel: Aus der Taxe einer **Metallwarenfabrik und Apparatebauanstalt.**

Werkzeugschnitte.

. . . .

Pos. 254. Eine komplette Einrichtung zur Herstellung von Zentrifugenteilen, bestehend aus 28 verschiedenen Schnitten, Ziehwerkzeugen und Stanzen. . . . . zus. *ℳ* 53 750

Pos. 255. Eine komplette Einrichtung zur Herstellung von elektrischen Kochplatten verschiedener Größe, bestehend aus 14 verschiedenen Schnitten, Ziehwerkzeugen und Stanzen. . . . . . zus. „ 12 325

Pos. 256. Eine komplette Einrichtung zur Herstellung elektrischer Kochtöpfe von $1/_2$ Liter, 1 Liter, $1^1/_2$ Liter und 2 Liter Inhalt, bestehend aus 93 verschiedenen Schnitten, Ziehwerkzeugen und Stanzen . . . . zus. „ 64 625

. . . .

Unternehmung von größerer Bedeutung sein, als bei Maschinen und maschinellen Vorrichtungen.

Als Regel für die gruppenweise-summarische Abschätzung darf gelten: *Je mehr Einzelgruppen gebildet werden, um so richtiger wird das Ergebnis der Abschätzung.*

Ist die Gruppeneinteilung für jede Gattungsart, wie Werkzeuge, Zeichnungen, Modelle usw. fertiggestellt, dann hat der Taxator durch möglichst zahlreiche Stichproben, Einvernehmen mit dem Auftraggeber und seinen Beamten usw. festzustellen, wie groß die Menge der Gegenstände in jeder einzelnen Gruppe ist und welcher Prozentsatz von dieser Menge auf die noch neuen Gegenstände, auf die ständig dringend gebrauchten Gegenstände, auf die nur noch gelegentlich zu gebrauchenden Gegenstände und auf die nicht mehr verwendbaren Gegenstände in der betreffenden Gruppe entfällt.

Hand in Hand damit wird der Taxator auch feststellen, wie groß der Grad der Abnützung der ständig gebrauchten Gegenstände usw. ist.

Die Abschätzung des Wertes der einzelnen Gruppen geschieht alsdann nach folgenden Grundsätzen.

Jede Abschätzung eines „ideellen" Wertes, den die Unternehmer mitunter ihren Mustern, Modellen usw. beizulegen pflegen, scheidet von vornherein aus.

Als Anschaffungswert ist derjenige Wert zur Zeit der Abschätzung zu berechnen, welchen die Neuherstellung der Zeichnungen, Modelle usw. kosten würde, falls diese Gegenstände — z. B. durch eine Feuersbrunst — vollständig zerstört und untergegangen wären.

Diese Berechnung des Anschaffungswertes macht in den meisten Fällen nur bei den Zeichnungen Schwierigkeiten, da die Herstellung von Zeichnungen sich nicht so allgemein kalkulieren läßt, wie beispielsweise die Herstellung von Schnitten, Stanzen, Modellen usw.

Aber auch bei den Zeichnungen ist eine Kalkulation durchführbar, wenn man sich mit den betreffenden Konstruktionsingenieuren und Zeichnern darüber verständigt, welchen Zeitaufwand sie für die Neuzeichnung der einzelnen Blätter benötigen würden. Berechnet man dann die Bezüge an Gehalt usw. der betreffenden Konstruktionsingenieure und Zeichner für die benötigte Zeit, die Kosten des Materials an Zeichenpapier, Zeichenutensilien usw. und die für den benötigten Zeitaufwand *anteiligen* allgemeinen Regiespesen, wie Vorhalten der Zeichentische, Reißbretter, Reißzeuge, Büromiete, Heizung, Beleuchtung usw., dann findet man den Betrag, welchen die Anfertigung eines Blattes Zeichnung einer bestimmten Art und Größe der betreffenden Unternehmung an Kosten verursacht.

An Hand des ermittelten Anschaffungswertes sind alsdann die Zeitwerte für „neu, ständig dringend gebraucht, nur noch gelegentlich zu gebrauchen, nicht mehr verwendbar", für jede einzelne Untergruppe einer jeden Gattungsart zu ermitteln und danach der Gesamtzeitwert der betreffenden Untergruppen summarisch zu bestimmen[1]).

[1]) Als Beispiele für die Abschätzung von Zeichnungen, Modellen und Jacquardkarten usw., seien hier aus der Praxis des Verfassers einige Beispiele gegeben. Die in den Beispielen angegebenen Preise entsprechen denen der Jahre 1920/21.

1. Beispiel: Aus der Taxe einer **Fabrik für Gas-, Wasser- und Dampfarmaturen.**

Zeichnungen.

Pos. 294. Die Zeichnungen der Firma sind Konstruktionszeichnungen von Armaturen aller Art für Gas-, Wasser- und Dampfleitungen, sowie von Gasöfen. Die Firma hat ihre Zeichnungen katalogisiert. Nach diesen Katalogen besitzt sie 1608 Blatt Zeichnungen in 5 verschiedenen Formaten, und außerdem 790 auf Pappe gezogene Blaupausen, sowie 766 nicht aufgezogene Blaupausen.

Von den vorhandenen Zeichnungen sind etwa 425 Blatt veraltet und kaum noch zu verwerten. Außerdem sind etwa 225 Blatt kleinere Blätter und Tabellen. Der Rest von rund 960 Blatt Zeichnungen läßt sich, je nach deren Größe und der Dichtigkeit der Zeichnungen, in drei Gruppen teilen.

Im Falle des Totalverlustes der Zeichnungen, z. B. durch eine Feuersbrunst, würde die Wiederherstellung der notwendigen Zeichnungen folgende Aufwendungen beanspruchen.

Für ein Blatt Zeichnungen der ersten Gruppe, die Arbeit eines Konstrukteurs während zwei Tage und eines Pausers einen Tag lang.

Für ein Blatt Zeichnungen der zweiten Gruppe, die Arbeit eines Konstrukteurs ein und einen halben Tag und eines Pausers dreiviertel Tag.

Für ein Blatt Zeichnungen der dritten Gruppe, die Arbeit eines Konstrukteurs einen Tag und eines Pausers einen halben Tag.

Für die kleineren Blätter und Tabellen würde für je ein Blatt die Arbeit eines Pausers einen Tag nötig sein.

Rechnet man das Durchschnittsgehalt eines Konstrukteurs mit 1800 ℳ je Monat oder bei 25 Arbeitstagen im Monat mit 72 ℳ je Tag, und dasjenige eines Pausers mit 1400 ℳ je Monat oder 56 ℳ je Tag, dann würde die Neuanfertigung der benötigten Zeichnungen folgende Kosten verursachen:

Es wären anzufertigen 330 Blatt der ersten Gruppe, 320 Blatt der zweiten Gruppe, 310 Blatt der dritten Gruppe, 225 kleinere Blätter

Selbstverständlich wird man die Zeitwerte für die einzelnen Gattungsarten und deren Untergruppen nur von Fall zu Fall, je nach den örtlichen Verhältnissen bestimmen können. Immerhin liegen auch für diese Gegenstände bereits *Erfahrungsziffern* vor, die einen ungefähren Anhalt für die Bemessung des Zeitwertes geben.

bzw. Tabellen, 790 Blatt Blaupausen auf Karton und 766 Blatt Blaupausen ohne Karton. Die Kosten hierfür würden betragen:

Konstrukteurgehälter . . . . ℳ 104 400
Pausergehälter . . . . „ 53 200
Papier, Zeichenmaterialien, Bürokosten (allgemeine Regiespesen) . . . . „ 28 250
790 Blaupausen auf Karton . . . . „ 3 160
766 Blaupausen ohne Karton . . . . „ 1 532
                                                Summe ℳ 190 542

Von den vorhandenen Zeichnungen sind 425 Blatt veraltet und haben nur noch einen Makulaturwert von 11 ℳ. Der Rest der Zeichnungen ist in einem gewissen Grade durch Unsauberkeit usw. abgenützt. Rechnet man hierfür noch rund 25% ab, dann ergibt sich der Zeitwert der vorhandenen Zeichnungen wie folgt:

Makulaturwert der 425 Blatt unverwendbare Zeichnungen ℳ   11,—
Neuwert der brauchbaren Zeichnungen ℳ 190 542 abzüglich 25% für Abnützung . . . . „ 142 906,50
                                        Summe ℳ 142 917,50
                                    zur Abrundung „   7,50
                                        Zeitwert ℳ 142 925,—

2. Beispiel:

Modelle.

Pos. 295. Die Firma besitzt Modelle aus Holz, Eisen, Messingguß und Weißmetall, vornehmlich für Armaturen aller Art für Gas-, Wasser- und Dampfleitungen. Der Anschaffungswert aller Modelle zur Zeit der Abschätzung ist zu schätzen auf rund ℳ 535 500.

Von diesen Modellen ist jedoch ein Teil bereits ausrangiert bzw. wegen älterer Konstruktion usw. nicht mehr zu verwenden. Der Anschaffungswert dieser ausrangierten Modelle beträgt rund ℳ 143 000, ihr Altmaterialwert rund ℳ 12 000.

Ein weiterer Teil von Modellen, im Anschaffungswerte zur Zeit der Abschätzung von rund ℳ 77 000, wird nur noch selten gebraucht und ist daher nur noch mit 20% des Anschaffungswertes abzuschätzen.

Im Falle eines Totalverlustes der Modelle, z. B. durch eine Feuersbrunst, würden die Kosten der Wiederherstellung der noch im Gebrauch befindlichen und benötigten Modelle sich wie folgt stellen:

Für die Herstellung der hölzernen Modelle würden ein Tischlermeister und 12 Gesellen rund ein Jahr gebrauchen.

Rechnet man das Jahreseinkommen des Tischlermeisters zu ℳ 20 000 und dasjenige eines Gesellen zu ℳ 12 480 (wöchentlich 240 ℳ), so stellen sich die Kosten der Wiederherstellung der Modelle wie folgt:

Für die Gruppe der *ständig dringend gebrauchten Werkzeuge*, Modelle, Zeichnungen usw. können, je nach dem Grade ihrer Abnützung, 75%—90% *ihres Anschaffungswertes zur Zeit der Abschätzung* als Zeitwert gerechnet werden.

Dagegen haben die *nur noch gelegentlich zu gebrauchenden* Werkzeuge wie Schnitte, Stanzen usw., ferner Modelle, Zeichnungen,

Ein Tischlermeister . . . . ℳ 20 000
Zwölf Gesellen . . . . „ 149 760
Holz. . . . . „ 27 000
Kosten der Werkstatt (Werkzeug- und Materialienverbrauch,
    sowie allgemeine Regiespesen) . . . . „ 31 250
Eiserne und Metallmodelle . . . . „ 87 500

Summe ℳ 315 510

Berücksichtigt man, daß ein Teil der vorhandenen, jedoch noch ständig gebrauchten Modelle durch Lagern und Gebrauch beschädigt und reparaturbedürftig ist, und bringt man hierfür noch 25% in Abzug, so ergibt sich der Zeitwert der vorhandenen Modelle wie folgt:

Altmaterialwert der ausrangierten Modelle . . . . ℳ 12 000,—
Wert der nur noch selten gebrauchten Modelle, 20% von
   ℳ 77 000 . . . . „ 15 400,—
Anschaffungswert der ständig gebrauchten Modelle,
   ℳ 315 510 abzüglich 25% für Abnützung . . . . . „ 236 632,50

Summe ℳ 264 032,50
zur Abrundung ℳ 17,50
Zeitwert ℳ 264 050,—

3. Beispiel: Aus der Taxe einer **Metallwarenfabrik.**

Modelle.

Pos. 309. 5 Gipsmodelle für Figuren, Friese und Reliefs. . . zus. ℳ 6 900,—
Pos. 310. 10 Bronzemodelle für Portraits und Figuren. . . . zus. ℳ 28 300,—
Pos. 311. 77 Bronzemodelle für Griffe, Deckel, Füße usw. von
    Tafelgeräten . . . . zus. ℳ 19 150,—
Pos. 312. 51 Gipsmodelle für Kronen und Wandleuchter . . zus. „ 20 225,—

4. Beispiel: Aus der Taxe einer **Seidenwarenfabrik.**

Jacquardkarten und Patronen.

Pos. 33. Es sind rund 2 925 000 *Karten* vorhanden. Von diesen muß der dritte Teil als nicht mehr verwendbar angesehen werden; der Altmaterialwert dieser Karten zur Zeit der Abschätzung ist ℳ 2925. Weitere rund 500 000 Karten bleiben hinsichtlich ihrer Verwendbarkeit zweifelhaft, und können daher nur mit 20% ihres Anschaffungswertes abgeschätzt werden. Der Rest von 1 450 000 Karten wäre im Falle des Totalverlustes — z. B. durch eine Feuersbrunst — neu zu ersetzen, weil für den Betrieb notwendig. Die Kosten des Neuersatzes berechnen sich wie folgt:

Jacquardkarten und ähnliches mehr, je nach den örtlichen Verhältnissen keinen höheren Wert als *15%—20% ihres Anschaffungswertes zur Zeit der Abschätzung.*

Neue, noch nicht in den Betrieb gegebene und der zeitigen Konjunktur auf dem Markte der Erzeugnisse der Unternehmung ent-

Zur Anfertigung von je 1000 Karten sind notwendig:

1 Schläger 3 Tage . . . . zu ℳ 34,—	= ℳ 102,—
1 Locherin 2 Stunden . . . . „ „ 2,—	= „ 4,—
1 Aufzieher 1 Tag . . . . „ „ 32,—	= „ 32,—
0,3 Ztr. Pappe, je Ztr. . . . . „ „ 195,—	= „ 65,—
3 Rollen Bindfaden, je Rolle . . . . „ „ 22,—	= „ 66,—
Allgemeine Unkosten, ca. 100% der vorangegebenen Kosten von rund . . . . „ 270,—	= „ 270,—
	Summe ℳ 539,—

Berücksichtigt man noch die Abnützung der Karten, dann ergibt sich der Zeitwert der vorhandenen 2 925 000 Karten wie folgt:

Altmaterialwert der nicht mehr verwendbaren Karten (975 000 Stück) . . . . ℳ   2 925,—

20% des Anschaffungswertes von 500 000 Karten, deren Verwendbarkeit zweifelhaft ist (Anschaffungswert zur Zeit der Abschätzung für je 1000 Stück ℳ 539) . . . . „ · 53 900,—

Anschaffungswert von 1 450 000 Karten, abzüglich 25% für Abnützung . . . . „ 586 162,50

Summe ℳ 642 987,50

zur Abrundung „   12,50

Zeitwert ℳ 643 000,—

Pos. 34. Es sind rund 25 000 *Patronen* vorhanden. Von diesen können nur etwa 5%, d. h. 1250 Stück, als noch verwendbar angesehen werden und wären im Falle des Totalverlustes neu zu ersetzen. Die Kosten des Neuersatzes berechnen sich wie folgt:

Zur Anfertigung einer Patrone sind notwendig:

1 Zeichner, durchschnittlich 1 Tag . . . . ℳ 60,—

Papier, Farben und allgemeine Regiespesen . . . . „ 5,—

Summe ℳ 65,—

Der Altmaterialwert der nicht mehr verwendbaren Patronen ist auf rund ℳ 425 zu schätzen. Der Anschaffungswert von 1250 Patronen ist zu schätzen auf 1250 · 65 = ℳ 81 250. Von diesem Betrage sind jedoch 25% abzuziehen, wegen der Abnützung der Patronen. Der Zeitwert der vorhandenen 25 000 Patronen ergibt sich mithin wie folgt:

Altmaterialwert der nicht mehr verwendbaren Patronen. ℳ   425,—

Anschaffungswert der noch verwendbaren 1250 Patronen, abzüglich 25% für Abnützung . . . . „ 60 937,50

Summe ℳ 61 362,50

zur Abrundung „   12,50

Zeitwert ℳ 61 375,—

sprechende Werkzeuge, wie Schnitte und Stanzen, sowie Modelle, Zeichnungen, Muster usw. haben selbstverständlich den *vollen Anschaffungswert zur Zeit der Abschätzung*. Dagegen haben, wegen Änderung der Konjunktur, *nicht mehr verwendbare* Gegenstände der vorgenannten Gattungsarten, gleichviel ob sie noch ganz neu oder bereits gebraucht sind, nur noch ihren *Altmaterialwert*.

Bei kleineren industriellen Unternehmungen, deren Bestand an Werkzeugen, Modellen usw. verhältnismäßig so geringfügig ist, daß man von der Gruppenbildung bei den einzelnen Gattungsarten von vornherein absehen kann, pflegt man insgesamt $2/_3$ *ihres Anschaffungswertes zur Zeit der Abschätzung als Zeitwert* zu rechnen, wenn der größere Teil dieser Werkzeuge, Modelle usw., neueren Datums oder noch nicht viel benutzt ist. Handelt es sich dagegen zum größeren Teile um ältere bzw. um bereits viel benutzte Werkzeuge, Modelle usw., unter denen sich nur wenig Neuanschaffungen befinden, so pflegt man den *Zeitwert* derselben insgesamt nur mit **50%** *ihres Anschaffungswertes zur Zeit der Abschätzung* in Rechnung zu setzen.

Bei der Abschätzung der *Fabrikutensilien* kann ähnlich summarisch verfahren werden wie bei den Werkzeugen usw. Kleinere Gegenstände gleicher oder ähnlicher Art faßt man in Gruppen zusammen und schätzt sie zu einem Durchschnittswerte summarisch ab. *Dieser Durchschnittswert liegt*, je nach dem Grade der Abnützung der einzelnen Gegenstände, der durch Stichproben festzustellen ist, *zwischen 50%—66²/₃% des Anschaffungswertes zur Zeit der Abschätzung*.

Dagegen müssen größere Gegenstände in gleicher Weise wie Maschinen und maschinelle Einrichtungen *einzeln* abgeschätzt und einzeln in die Taxe eingesetzt werden.

Da mitunter Zweifel darüber entstehen, welche Gegenstände zu den Fabrikutensilien zu rechnen sind, seien hier folgend einige Anhaltspunkte hierfür gegeben.

Die Fabrikutensilien lassen sich in drei Gruppen teilen: Hilfsutensilien für die Fabrikation, Arbeiter-Wohlfahrtsutensilien und Utensilien für die Reinhaltung, den Schutz, die Kontrolle usw. der Betriebsstätten.

Zu den *Hilfsutensilien für die Fabrikation* rechnen die eigentlichen *Hilfsgeräte*, wie z. B. Kohlen- und Sackkarren, Riemenspanner, Riemenaufleger, Waagen, Flaschenzüge, Schürgeräte, Ölschänken, Montage-Werkbänke, Schaufeln, Leimkocher, Preßspäne, Schußhülsen, Holzpfeifen, Hefensiebe, Schaumlöffel, Gärbottichkühler usw., sodann die Utensilien, wie Werkzeugspinde, Materialienspinde, Materialienregale, Arbeitstische, Leitern, Holzböcke usw.

Zu den *Arbeiter-Wohlfahrtsutensilien* rechnen z. B. die Arbeiter-Reihenwaschtische, die Arbeiter-Kleiderschränke, Bänke, Schemel, Speisetische, Speisenwärmschränke, Kaffeekochkessel, Arzneikästen und ähnliches mehr.

Utensilien für die Reinhaltung, den Schutz usw. der Betriebsstätten sind z. B. Wasserschläuche, Eimer, Besen, Gießkannen, Karren, Papierkörbe, Handlaternen usw., dann die etwa vorhandenen Hand-Feuerlöschapparate, wie Extinkteure usw., die Arbeiter-Marken-Kontrollapparate, Wächterkontrolluhren und ähnliches mehr.

Ob dagegen *die Einrichtung der Meisterstuben, der Materialienläger* usw. zu den Fabrikutensilien oder zu den Möbeln bzw. die in vielen Fällen aus Bretterwänden, Drahtgeflecht, Glasfenstern usw. bestehenden *Umbauten der Meisterstuben, der Werkzeug- und Materialienausgaben* usw. den Fabrikutensilien oder dem Gebäude hinzuzurechnen sind, kann nur von Fall zu Fall entschieden werden und hängt zudem auch von den Wünschen des Auftraggebers ab.

Schutzvorrichtungen z. B. bei Treibriemen usw., die manche Taxatoren zu den Fabrikutensilien rechnen, sind besser bei den betreffenden Maschinen, Transmissionsanlagen usw. und nicht bei den Fabrikutensilien mit abzuschätzen.

Vortaxen für Versicherungzwecke.

Für Maschinen und maschinelle Vorrichtungen gibt es zwei Arten von Versicherungen, die Versicherung gegen Beschädigungen durch Feuer und die Versicherung gegen Beschädigungen, welche durch eine andere plötzliche von außen einwirkende Gewalt verursacht sind.

Für beide Versicherungsarten unterscheidet man zweierlei Arten von Abschätzungen, die Vortaxen, welche dem abzuschließenden

Versicherungsvertrage als Grundlage dienen, und die Abschätzungen nach stattgehabtem Schadenfalle zwecks Feststellung der Höhe des eingetretenen Schadens.

Die *Vortaxen* haben den Zweck, ein genaues Verzeichnis der zu versichernden Maschinen usw. aufzustellen, das im Schadenfalle als ein Beweismittel für das Vorhandensein der versicherten Gegenstände und ihrer Werte zur Zeit der Abschätzung gilt.

Die „*Vortaxklausel*" der „Deutschen Feuerversicherungsvereinigung" sagt hierüber: Die zur Versicherung der Maschinen, Apparate und Utensilien eingereichte Taxe gilt als Nachweis des wahren Wertes, den die darin verzeichneten Gegenstände zur Zeit der Taxaufnahme gehabt haben und dient im Versicherungsfall als Grundlage für die Ermittelung des Schadens an den taxierten Gegenständen.

In weiterer Erläuterung der Vortaxklausel schreiben die Bestimmungen der Feuerversicherungsgesellschaften alsdann vor, daß in den Taxen „die Maschinen, Apparate, Rohrleitungen, Transmissionen und großen Gefäße" unter Angabe ihrer Standorte, ihrer Bestimmung, ihrer Dimensionen und ihrer Gewichte aufgeführt sein müssen; die Bezeichnung der Rohrleitungen muß hierbei derart sein, daß es möglich ist, sie von ihrem Ausgangs- bis zu ihrem Endpunkt zu verfolgen. Die Taxe darf nicht summarisch sein, es muß vielmehr jedes Objekt einzeln genannt und, wo dies zur technischen Kennzeichnung erforderlich ist, auch genau beschrieben sein. Für kleine Geräte und Utensilien genügt die Benennung des betreffenden Gegenstandes, auch ist hier die Zusammenfassung gleichartiger Gegenstände zulässig.

Bei den Maschinen, Apparaten und großen Gefäßen muß das Jahr der Beschaffung und möglichst auch der Name des Lieferanten angegeben sein.

In der Maschinentaxe muß bei allen Gegenständen angegeben sein, zu welchem Preise sie zur Zeit der Taxaufnahme inklusive Montagekosten neu zu beschaffen sein würden, und welchen wirklichen Wert sie unter Berücksichtigung der seit der Beschaffung eingetretenen Wertsverminderung zur Zeit der Taxaufnahme hatten. Der Taxe muß ferner eine Situationsskizze mit Einzeichnung der großen Maschinen und Apparate beigefügt sein[1]).

---

[1]) Laut Mitteilung der „Deutschen Feuerversicherungsvereinigung" im September 1921.

1.	2.		3.	4.			5.	6.		7.
Laufende Nr.	Der Gegenstände		Ge-wicht je Stück „m ", kg ℳ	Neuwert			Jahr der An-schaf-fung	Zeitwert		Bemerkungen
	Anzahl	Benennung und Beschreibung	kg	a. je Stück m ", kg ℳ	b. im ein-zelnen ℳ	c. ins-gesamt ℳ		a. im ein-zelnen ℳ	b. ins-gesamt ℳ	

Aus weiteren Bestimmungen der Feuerversicherungsgesellschaften ergibt sich dann noch, daß alle Mauerungen, wie Kesseleinmauerungen, Öfenmauerungen, Fundamentmauerungen für die Maschinen, die Mauerungen oder sonstigen Umfriedigungen der Aufzüge und ähnliches mehr bei der Feuerversicherung als *Bestandteile der Gebäude* anzusehen und daher **nicht** in die Maschinen-Vortaxen aufzunehmen sind [1]).

Ob diese Trennung der zugehörigen Mauerwerke usw., z. B. der Kesseleinmauerungen von den Dampfkesseln, der Maschinenfundamente von den Maschinen, vom Standpunkte des Technikers aus betrachtet, zu billigen ist, braucht hier nicht erörtert zu werden, weil die Bestimmungen der Versicherungsgesellschaften maßgebend sind.

Da für die Vortaxen die Zeit der Anschaffung, die Neuanschaffungswerte, die Zeitwerte bei Aufstellung der Taxe und die Gewichte der einzelnen Maschinen usw. festzustellen sind, empfiehlt es sich für die Anfertigung der Vortaxen ein Formular etwa nach nebenstehendem Schema zu verwenden.

Bei der Benutzung eines derartigen Formulars ist folgendes zu beachten:

Die *Kennzeichnung* und *Beschreibung* der einzelnen Maschinen usw. ist so eingehend vorzunehmen und technisch durch Maß- und Leistungsan-

---

[1]) Siehe *Romberg*, Die Brandschadenregulierung in Fabriken, S. 104 u. ff.

gaben so zu vervollständigen, daß die Sachverständigen, die im Schadenfalle zur Abschätzung des Schadens in Tätigkeit treten, in der Lage sind, die Richtigkeit der Vortaxe nachzuprüfen. Sie müssen die Höhe des Schadens auf Grund der Angaben in der Vortaxe selbst dann noch feststellen können, wenn die in der Vortaxe aufgeführten Gegenstände vollständig zerstört und zugrunde gegangen sein sollten.

In die Vortaxe ist die *gesamte zu versichernde maschinelle Anlage* aufzunehmen, einschließlich ihrer Zubehöre, wie Transmissionen, Treibriemen, Rohrleitungen, Hilfsgeräte, Werkzeuge, Fabrikutensilien, dem Betriebe dienende Entlüftungs,- Wasserleitungs-, Heizungs- und Beleuchtungsanlagen usw.

Im besonderen empfiehlt es sich, einer jeden Vortaxe für Versicherungszwecke ein *Vorwort* voranzustellen, aus welchem deutlich zu ersehen ist, welche Gegenstände aus dem Besitze der industriellen Unternehmung in die Vortaxe aufgenommen sind und welche *nicht*. Letzteres ist von wesentlicher Bedeutung, damit diese Gegenstände von der industriellen Unternehmung besonders versichert werden. Es können dann im Schadenfalle keine Zweifel darüber entstehen, ob der eine oder andere Gegenstand, der nicht in der Vortaxe im einzelnen mit aufgeführt ist, als mitversichert zu gelten hat oder, weil er nicht nebenbei besonders versichert wurde, unversichert geblieben ist[1]).

---

[1]) Aus der Praxis des Verfassers sei hier als Beispiel das Vorwort einer Vortaxe für die Feuerversicherung einer Malzfabrik, sowie ein kurzer Auszug aus der Vortaxe angeführt:

Vorwort.

Die Taxe ist aufgestellt für *Feuerversicherungszwecke.*

Stichtag für das Vorhandensein der in der Taxe aufgeführten Gegenstände und für deren Werte ist der

28. Oktober 1921.

Abgeschätzt und in die Taxe aufgenommen wurden:

Die gesamte maschinelle Einrichtung der Malzfabrik, einschließlich aller Apparate, Gefäße, Reservoire, Silos, Rohrleitungen, Transmissionen, Treibriemen, Geräte, Werkzeuge, Utensilien, elektrischen Leitungen usw.;

die beweglichen Teile, die Führungen und die Türen der Aufzüge;

die Eisenteile der Kesseleinmauerungen, Darrfeuerungen, Schmiedeherde usw.;

die eisernen Verankerungen der Maschinen, Apparate usw. in deren Fundamenten;

die gesamte elektrische Beleuchtungsanlage, einschließlich der Beleuchtungskörper;

4*

Für die Berechnung der Zeitwerte usw. gilt das in dem Kapitel über „die Ermittelung des Zeitwertes" bereits Gesagte. Als „Neuwert" sind die Anschaffungswerte in die Vortaxen einzusetzen, also die Neuwerte zuzüglich Fracht- und Montagekosten.

Die Beschaffung der Vortaxe ist Sache des Versicherungsnehmers.

die zu Betriebszwecken dienenden Wasserleitungen;
die Haus-Fernsprechanlage.
Nicht in die Taxe aufgenommen wurden, weil nicht dem maschinellen Mälzereibetriebe, sondern den Gebäuden, dem kaufmännischen Betriebe, den Wohlfahrtseinrichtungen usw. zuzurechnen sind:
Die zu den Privat- und Dienstwohnungen auf dem Grundstücke gehörenden Einrichtungen, wie Waschküche, elektrische Beleuchtung usw.;
die zu den Wohlfahrtsanlagen, wie Brausebäder, Kinderheim usw. gehörenden Einrichtungen;
die dauernd außer Betrieb bzw. außer Benutzung gesetzten Gegenstände, ferner alle Möbel, sowie die Einrichtungen der kaufmännischen und technischen Büros;
alle Rohmaterialien und Betriebsmaterialien, einschließlich der Vorräte an Kohlen, Reserveteilen, Armaturen für Rohrleitungen und elektrische Leitungen, Treibriemen, Säcken usw.;
die im Betriebe gebrauchten Säcke, Kisten usw.;
alle organisch zu den Gebäuden gehörenden Konstruktionen in Guß- und Schmiedeeisen, wie Säulen, Träger, Blitzableiter usw.;
die gemauerten Fundamente der Maschinen, Apparate usw. und das Mauerwerk der Dampfkessel, Darrfeuerungen, Schmiedeherde usw.;
die in Mauerwerk, Holz oder sonstigem Material hergestellten Umfriedigungen der Fahrstühle;
der gesamte Fuhrpark und die Stalleinrichtungen;
fremdes Eigentum aller Art, z. B. die Fernsprechanlagen der Post usw.

Soweit die Namen der Fabrikanten der Maschinen usw., sowie die Anschaffungsjahre festgestellt werden konnten, sind sie in der Taxe angegeben.
Alles Zubehör der einzelnen Maschinen usw., wie Schutzvorrichtungen, Fundamentanker, eiserne Konsole, Unterbauten usw. ist bei den größeren Gegenständen gesondert in der Taxe angegeben, bei den übrigen Gegenständen stets in den Wert der einzelnen Maschinen usw. mit eingerechnet worden. Bei den Elektromotoren und den elektrischen Beleuchtungskörpern sind auch die betreffenden, im Inneren der Räume verlegten Anschlußleitungen in die einzelnen Werte mit eingerechnet worden.
Die größere Anzahl der in der Taxe angegebenen Gewichte beruht auf den Angaben in den Katalogen der Fabrikanten, die übrigen wurden rechnerisch geschätzt.
, ₂ Kleinere Gegenstände, wie Werkzeuge, Utensilien usw., wurden in Gruppen zusammengefaßt und summarisch abgeschätzt.

| 1. | | 2. | 3. | 4. Neuwert | | | 5. | 6. Zeitwert | | 7. |
Laufende Nr.	Anzahl	Der Gegenstände — Benennung und Beschreibung	Gewicht kg	a. je Stück „ m „ kg ℳ	b. im einzelnen ℳ	c. insgesamt ℳ	Jahr der Anschaffung	a. im einzelnen ℳ	b. insgesamt ℳ	Bemerkungen
		Keller unter dem Maschinenhause.								
		Transmissionen.								
68	16	lfdm Transmissionswelle, Wellendurchmesser 120 mm	1408	475	—	7600	—	250	4000	
69	2	Ausdehnungskupplungen, Länge je 455 mm, Durchmesser je 330 mm, größte Ausdehnung je 16 mm	330	—	1540	3080	—	825	1650	
70	9	Konsol-Hängelager mit Ringschmierung, Bohrung je 120 mm, Schalenlänge je 450 mm, Ausladung je 600 mm	1548	—	1875	16875	—	1050	9450	
71	1	geteilte gußeiserne Riemenscheibe, Durchmesser 1025 mm, Breite 250 mm	148	—	—	1490	—	—	775	
		Weichhaus.								
		Maschinen usw.								
339	4	schmiedeeiserne Gerstenweichen, je für 11 500 kg Gerste, Durchmesser je 3800 mm, Zargenhöhe je 1450 mm, Höhe im konischen Unterteil je 1900 mm, je mit gußeisernen Bodenstücken und verzinktem Bodenseiher, je komplett mit Ausweichventilen, konischen Rädern, verlängerten Spindeln mit Handrad zur Betätigung der Ausweichventile nebst Befestigungen, erbaut von der Mälzereimaschinenfabrik-Aktiengesellschaft, vorm. J. A. Schulze in Gerigstadt	9200	—	34560	138240	1912	19350	77400	

Schadenabschätzungen in Versicherungsfällen.

Bei den Schadenabschätzungen in Versicherungsfällen handelt es sich um die Feststellung des Schadens durch Ermittelung der Neuanschaffungswerte, der Zeitwerte unmittelbar vor Eintritt des Schadenfalles und der Zeitwerte nach dem Schadenfalle, d. h. der Werte der übriggebliebenen Teile und Reste unter Berücksichtigung ihrer Verwendbarkeit für die Wiederherstellung oder zu anderen Zwecken, sowie der Werte der geretteten Gegenstände. Für die Berechnung aller dieser Werte gilt als Stichtag *der Tag des Schadenfalles.*

Im Schadenfalle ernennen der Versicherungsnehmer und der Versicherer je einen Sachverständigen, die gemeinschaftlich die vorerwähnten Werte, und damit den eingetretenen Schaden feststellen haben. Die Art und Weise der Ermittelung des Schadens ist den beiden Sachverständigen, deren Urteil im Falle ihrer Einigung für beide Parteien bindend ist, überlassen. Im Falle die beiden Sachverständigen sich nicht einigen können, entscheidet endgültig ein von ihnen **vor** *Eintritt in das Abschätzungsverfahren* erwählter Obmann, und zwar nur über die einzelnen streitig gebliebenen Punkte innerhalb der durch die beiden Sachverständigen bereits gezogenen Grenzen.

Eine Einigung zwischen den Sachverständigen sowohl über die technische Frage, inwieweit die einzelnen Maschinen noch brauchbar bzw. wiederherstellungsfähig sind, als auch über die ziffermäßige Höhe des z. B. durch ein Feuer verursachten Schadens, wird jederzeit leicht erfolgen, wenn im Auge behalten wird, daß die Sachverständigen nicht sich entgegenstehende Parteiinteressen zu vertreten haben, sondern daß ihre Aufgabe darin besteht, gemeinsam den Schaden *nach bestem Wissen und Gewissen* zu ermitteln. Die Sachverständigen haben hierbei zu beachten, daß der Grundsatz einer jeden Versicherung dahin geht, daß dieselbe nicht zu einem Gewinn führen soll, sondern nur zu *dem Ersatze des tatsächlich eingetretenen Schadens.*

Über den Begriff des durch die Versicherung gedeckten *tatsächlichen Schadens* gehen die Meinungen vielfach auseinander, trotzdem Zweifel hierüber nicht bestehen sollten.

Selbstverständlich ist zunächst, daß die *Schadenvergütung* durch *die Höhe der Versicherungssumme* bedingt ist und ihre Grenze in der letzteren findet. Übersteigt der Schaden die versicherte Summe, so wird er nur nach Verhältnis vergütet.

Der Schaden besteht stets nur in der Beschädigung an dem versicherten Gegenstande selbst. Etwaige Folgen dieser Beschädigung, wie z. B. Betriebsstörung, entgangener Gewinn, wirtschaftliche Verluste usw. sind durch die Versicherung **nicht** gedeckt, es sei denn, daß hierüber **besondere** Vereinbarungen zwischen dem Versicherungsnehmer und dem Versicherer getroffen wurden.

Bei der Ermittelung des Schadens, welchen eine versicherte Maschine erlitten hat, ist in erster Linie festzustellen, ob die Maschine noch reparaturfähig ist oder ob sie derart zerstört ist, daß eine Wiederherstellung in ihren früheren Zustand technisch nicht mehr möglich ist. Die Entscheidung hierüber ist auch an die wirtschaftliche Frage geknüpft, ob es zweckmäßig ist, die Maschine überhaupt wieder herzustellen.

Es ist dies dahin zu verstehen, daß die technische Möglichkeit der Wiederherstellung zurückzutreten hat hinter die Kosten, welche die Wiederherstellung der Maschine in ihren früheren Zustand verursachen würde. Würden diese Kosten höher sein, als der Wert der Maschine beim Eintritt des Schadenfalles war, dann ist versicherungstechnisch die Maschine als total zerstört anzusehen.

Es liegt im Wesen der Versicherung begründet und kommt auch in den „Allgemeinen Versicherungsbedingungen", die jeder Versicherungspolice beigefügt sind, zum Ausdruck, daß dem Versicherten nur der Zeitwert der Maschine beim Eintritt des Versicherungsfalles unter Abzug des Wertes der übrig gebliebenen Reste zu ersetzen ist, nicht aber die höheren Kosten, welche die Wiederherstellung der Maschine erfordern würde. Selbst wenn also technisch die Möglichkeit vorliegt, die beschädigte Maschine wieder in den früheren betriebsbrauchbaren Zustand zurückzuversetzen, scheidet dies für die Ersatzpflicht des Versicherers aus, sobald die Kosten der Reparatur höher sind als der Wert der Maschine vor dem Schadenfalle war.

Dieser Fall kommt im besonderen bei Brandschäden verhältnismäßig häufig vor und zwar gewöhnlich dann, wenn es sich um ältere Maschinen handelt, welche eine lange Reihe von Jahren in Betrieb waren. Meistens ist bei diesen Maschinen auch die Konstruktion bereits veraltet und durch modernere Konstruktionen überholt. An und für sich würde es sich schon „nicht mehr lohnen", für diese abgenützten und ihrer Konstruktion nach veralteten Maschinen noch Reparaturkosten aufzuwenden. Besaßen doch diese Maschinen außer ihrem Materialwert überhaupt keinen Marktwert mehr, sondern nur noch einen ideellen Betriebswert, welcher mit dem Momente ihrer Zerstörung geschwunden ist. Diesen nicht mehr materiellen, sondern nur noch ideellen Betriebswert unter Aufwand höherer Kosten wieder herzustellen, wäre jedoch wirtschaftlich nicht zu rechtfertigen.

Ist die Kernfrage, ob die Maschine noch reparaturfähig ist, auch unter Berücksichtigung der im vorstehenden angeführten wirtschaftlichen Seite entschieden, dann ist die Schadenhöhe zu ermitteln. Hierbei hat man *Schadenhöhe* und *Schadenvergütung* auseinanderzuhalten. Die Schadenvergütung, d. h. der Betrag, welcher dem Versicherten aus der Versicherung zusteht, *ist auf die Ermittelung der Schadenhöhe durch die Sachverständigen* ohne jeden Einfluß. Die Schadenvergütung ist vielmehr Sache der Schadenregulierung, welche zwischen dem Versicherer und dem Versicherten direkt erfolgt.

Gerade aus diesem Grunde, d. h. damit die Schadenregulierung die Höhe der Schadenvergütung feststellen kann, haben die Sachverständigen die Bewertung der Maschinen nach dem Schadenfalle bzw. die Höhe des Schadens, welchen dieselben erlitten haben, ohne jegliche Rücksicht auf die Schadenvergütung festzustellen.

Im Falle die beschädigte Maschine *wieder herzustellen* geht, besteht der Schaden in den *Kosten für die nötigen Ersatzteile* zuzüglich der Kosten für ihre Heranschaffung (einfache Fracht) und für ihre Montage, sowie in den Kosten der sonstigen etwa noch auszuführenden Arbeiten an der Maschine, unter Zugrundelegung der einfachen Werktagslöhnung bzw. *in den Kosten der nötigen Reparaturen.*

Unter den nötigen Reparaturen ist die vollständige Wiederherstellung der beschädigten Maschine oder maschinellen Vorrichtung in diejenige Gestalt bzw. Konstruktion und Einrichtung zu verstehen, welche sie vor Eintritt des Schadenfalles hatte. Hiervon abweichende Veränderungen und neue Verbesserungen, welche bei dieser Gelegenheit an der beschädigten Maschine usw. vorgenommen werden, gehören *nicht* zu den notwendigen Reparaturen und sind *nicht* durch die Versicherung gedeckt.

Gleichfalls deckt die Versicherung *nicht den Mehrwert,* welchen neue Ersatzteile gegenüber den zugrunde gegangenen, bereits abgenützt gewesenen Teilen haben. Bei der Feststellung der Kosten der Ersatzteile ist also *das Verhältnis des Zeitwertes* der Maschine bzw. ihrer Einzelteile *zum Anschaffungswerte* zugrundezulegen.

Im Falle der *völligen Zerstörung* der Maschine besteht der Schaden in 'dem Zeitwerte, welchen die zerstörte Maschine unmittelbar vor *Eintritt des Schadenfalles* hatte, wobei auch die Kosten für Fracht, Montage usw., welche seinerzeit aufgewendet worden waren, *entsprechend zu berücksichtigen sind.* Von diesem Zeitwert ist jedoch der Wert der noch übriggebliebenen *Reste der zerstörten Maschine,* mindestens also der *Materialwert* dieser Reste in Abzug zu bringen.

Als *völlig zerstört* ist eine Maschine dann anzusehen, wenn die Reparaturkosten den Zeitwert der Maschine vor Eintritt des Schadenfalles *erreichen oder übersteigen würden* bzw. wenn die Wiederherstellung der Maschine aus den übriggebliebenen Resten technisch *nicht mehr möglich ist.*

Viele Taxatoren gehen nun, besonders bei der Abschätzung von Brandschäden, derart vor, daß sie den Anschaffungswert der beschädigten Maschine feststellen, von diesem Werte für jedes Jahr des nachweislich stattgehabten Gebrauchs der Maschine *einen bestimmten Prozentsatz* als Abnützungsquote in Abzug bringen und den verbleibenden Betrag als den Zeitwert der beschädigten Maschine vor Eintritt des Schadenfalles annehmen.

Ein derartiges rein rechnerisches Verfahren ist in allen denjenigen Fällen unzulässig, in welchen sich aus den übriggebliebenen Resten der beschädigten Maschine der Zeitwert der letzteren vor dem Brande noch *durch Untersuchung dieser Reste* feststellen läßt.

In diesen Fällen ist der Schaden stets in der Weise zu ermitteln, daß die Kosten für die Wiederherstellung der Maschine in ihren früheren Zustand im einzelnen kalkuliert und in die Rechnung eingesetzt werden.

Allerdings bilden besonders nach einem großen Brande die übriggebliebenen Rudera einer Maschine oft nur noch einen Haufen von verbogenen, zerbrochenen, ausgeglühten und geschwärzten, mit Schutt bedeckten Stücken, in welchem sich nicht einmal alle Teile der ursprünglichen Maschine vollständig wiederfinden, weil eine Anzahl derselben in der Gluthitze weggeschmolzen oder mit dem Brandschutte unbemerkt fortgeschafft wurde.

Dennoch können erfahrene Maschinensachverständige, welche eine längere Praxis in Maschinenfabriken hinter sich haben, aus wenn auch anscheinend nur kleinen Anhaltspunkten sich oft ein Urteil über den Zustand der durch das Schadenfeuer zerstörten Maschine zur Zeit des Brandfalles bilden.

Die Dimensionen einer verbrannten Maschine lassen sich aus den Rudera fast stets noch feststellen. Aber auch abgeschliffene oder gar ausgebrochene Zähne an Zahnradgetrieben, ausgeschliffene Lager, desgleichen abgenützte Spindelgänge, Schnecken und Muttern, schartige Kanten von Gleitflächen und Führungsflächen, Beschädigungen durch Hammerschläge, gesprungene und wieder geflickte Gestelle, sowie ähnliche bei dem Betriebe von Maschinen als Abnützung auftretende Erscheinungen lassen sich selbst dann noch feststellen, wenn es sich nur noch um im Schadenfeuer gewesene, geschwärzte und verbogene bzw. zerbrochene Rudera einer Maschine handelt. Sollten jedoch derartige Feststellungen nicht mehr möglich sein, dann werden die Sachverständigen nach anderen Methoden, in besonderem auch rein rechnerisch zu verfahren haben.

Die Feststellung der Neuwerte bzw. Anschaffungswerte wird in fast allen Fällen leicht erfolgen können, weil der Betriebsunternehmer in der Lage sein wird, die hierzu nötigen Unterlagen, wie z. B. seine *Handlungsbücher, die Rechnungen der Maschinenlieferanten, die Kataloge der betreffenden Maschinenfabriken usw.* vorzulegen.

Sollte jedoch dieses nicht möglich sein, so kann man den *Neuwert indirekt* auf Grund der *Maschinenkataloge anderer Maschinenfabriken* ermitteln. In diesem Falle ist es jedoch angezeigt, nicht etwa nur den Katalog einer einzelnen Maschinenfabrik diesen Ermittelungen zugrunde zu legen, sondern *eine Anzahl Kataloge von verschiedenen Maschinenfabriken* auszuwählen, welche sowohl die Qualitätsfabrikate erstklassiger Firmen enthalten, als auch die billigeren Fabrikate kleinerer Firmen. Da sich selbst aus den geringsten Resten einer zerstörten Maschine die Hauptdimensionen der zugrundegegangenen Maschine fast stets noch feststellen lassen werden, wird man aus den verschiedenen Katalogen einen *Durchschnittspreis* ermitteln können, welcher dem wirklichen Neuwerte der zerstörten Maschine *ziemlich genau* entsprechen dürfte.

In vielen Fällen werden die Sachverständigen jedoch vor der Unmöglichkeit stehen, aus den vorhandenen Rudera sich ein sicheres Urteil *über den Zustand der Maschine vor dem Schadenfalle* zu bilden, und werden daher als Unterstützung für die alsdann notwendige **rechnerische** Bestimmung dieses Zeitwertes auch *indirekte* Ermittelungen anstellen müssen.

Derartige indirekte Ermittelungen sind z. B. die Feststellungen, seit wann sich die Maschine im Betriebe befunden hat und in welchem Zustand die abgebrannte Fabrik ihre Maschinen zu erhalten pflegte; ob sie einen *geordneten Betrieb mit größerer Reparaturwerkstatt* hatte und der *Instandhaltung* ihrer Maschinen ihre besondere Aufmerksamkeit zuwendete oder ob sie ihre Maschinen lässig behandelte. Besonders auch dann, wenn nicht die ganze Fabrik, sondern nur ein Teil derselben zerstört ist, wird man aus dem Befund der geretteten Maschinen auf den Zustand der verbrannten Maschinen beim Eintritt des Schadenfalles schließen können.

Trotzdem wird in den meisten dieser Fälle zur Bestimmung des *Zeitwertes* ein rein rechnerisches Verfahren Platz greifen müssen. Ist diesem Verfahren auch nicht der gleiche Wert beizumessen wie dem auf Besichtigung und Untersuchung der abzuschätzenden Maschine beruhenden, so ist doch nicht zu verkennen, daß die Resultate beider Verfahren sich ziemlich nahe kommen. In vielen Fällen reicht auch das rein rechnerisch gefundene Resultat für die gewünschten Zwecke vollkommen aus, und besonders muß es auch dann als ausreichend anerkannt werden, wenn man, wie z. B. bei großen Brandkatastrophen, vor der tatsächlichen Unmöglichkeit steht, den *Zeitwert* der zugrundegegangenen Maschinen auf einem anderen Wege in genauerer Weise zu bestimmen.

Für die rechnerische Bestimmung des *Zeitwertes* einer Maschine dient die Kenntnis ihres *Neuwertes* als Grundlage.

Ist der Neuwert der Maschine nicht unzweifelhaft aus den Rechnungen der Maschinenlieferanten oder aus deren Katalogen festzustellen, so kann er auch auf Grund von Lohnlisten, Materialienbüchern usw. kalkuliert werden.

Dieser Fall wird besonders dann eintreten, wenn es sich nicht um Maschinen handelt, welche von einer Maschinenfabrik bezogen wurden, sondern um solche Maschinen, welche der betreffende industrielle Betrieb sich selbst hergestellt hat. Derartige selbst gebaute Spezialmaschinen findet man verhältnismäßig häufig in der Textilindustrie, in Kabelfabriken, in Hüttenwerken usw.

Auch liegt dieser Fall der Bestimmung des Neuwertes bzw. des Zeitwertes von Maschinen auf Grund der Lohnlisten usw. dann vor, wenn es sich um erst halbfertige, noch im Bau begriffene Maschinen handelt.

Der *Neuwert* einer jeden Maschine, d. h. ihr Marktpreis, wenn man von einem solchen des besseren Verständnisses wegen sprechen kann, setzt sich zusammen aus den reinen **Herstellungskosten**, den **Vertriebskosten** und dem **Unternehmergewinn** ihres Fabrikanten[1]).

Diese drei Gruppen sind bei der Abschätzung genau auseinander zu halten, da je nach dem Zwecke der Abschätzung nur eine oder zwei dieser Gruppen in die Abschätzungsrechnung eingesetzt werden dürfen.

Handelt es sich z. B. bei der Schadenabschätzung nach einem Brande in einer Maschinenfabrik um die zugrunde gegangenen Lagervorräte an Maschinen, welche für den Verkauf hergestellt waren, so dürfen nur die Selbstkosten für die Herstellung derselben berechnet werden. Denn die Feuerversicherung deckt nur denjenigen Betrag, welcher aufgewendet werden muß, um den vernichteten Gegenstand wieder neu herzustellen. *Vertriebskosten* und *Unternehmergewinn* kommen hierbei also **nicht** in Frage.

Die **Herstellungskosten** *einer Maschine umfassen alle notwendigen Ausgaben für ihre Anfertigung bis zu ihrer Fertigstellung.* Im besonderen gehören also hierher die Kosten für die zeichnerische Konstruktion der Maschine, für die Herstellung der Modelle, den Einkauf der Materialien, die Arbeitslöhne, das verbrauchte Material und die allgemeinen Fabrikationsspesen, wie Kraftverbrauch, Abnützung der Arbeitsmaschinen, Heizung und Beleuchtung der Fabrikationsräume, Gehälter der technischen Beamten usw.

Die **Vertriebskosten** *beginnen mit dem Momente, in welchem die Maschine fertiggestellt ist, und umfassen alle diejenigen Ausgaben, welche aufgewendet werden müssen, um die Maschine in gutem,*

---

[1]) Siehe auch: *Ausschuß für wirtschaftliche Fertigung im Verein deutscher Ingenieure*, „Grundplan der Selbstkostenberechnung." 2. Ausgabe. Berlin 1921. —*Cremer, Christ.*, „Durchschnittspreise für Akkordarbeiten in Maschinenfabriken", 4. Aufl., Duisburg 1909. — *Haeder, H.*, „Kalkulieren der Maschinen und Maschinenteile", 2. Aufl., 1. Bd. Selbstkostenbestimmung. Wiesbaden 1912 und „Die Preisbildung in der Maschinenindustrie", Wiesbaden 1912. — *Leitner, Friedrich*, „Die Selbstkostenberechnung industrieller Betriebe", 5. Aufl., Frankfurt a. M. 1918. — *Schlesinger, Georg*, „Selbstkostenberechnung im Maschinenbau", Berlin 1911. — *Verein deutscher Maschinenbau-Anstalten*, „Selbstkostenberechnung im Maschinenbau", Berlin 1921.

verkaufsfähigen Zustand zu erhalten und sie zu verkaufen. Die Vertriebskosten umfassen also alle Ausgaben für die Lagerung und Zurschaustellung der fertigen Maschine, die Verkaufsreklame, die Gehälter des kaufmännischen Personals und die Kosten der kaufmännischen Organisation überhaupt, sowie auch Abgaben, Steuern usw.

Der **Unternehmergewinn** *ist ein von dem Fabrikanten beliebig gewählter Aufschlag auf seine gesamten Unkosten, welcher durch die Verkaufspreise der Konkurrenz in angemessenen Schranken gehalten wird.*

Handelt es sich nun darum, die reinen **Herstellungskosten** einer Maschine zu bestimmen, so sind in fast allen Fällen nur die gezahlten Arbeitslöhne und der Wert des verbrauchten Materials sicher bekannt. Die übrigen bereits vorerwähnten noch hinzukommenden Kosten, welche als „allgemeine Regiespesen" bezeichnet werden, sind für jeden Betrieb verschieden, meistens auch sehr schwankend und können daher nur von Fall zu Fall, besonders auch nur an Hand der Handlungsbücher der betreffenden Unternehmung, zusammengestellt und berechnet werden.

Zu beachten ist dabei nur, daß manche Kosten, wie z. B. Materialverlust bei der Anfertigung, Ausschußarbeit usw., nicht in den Handlungsbüchern erscheinen.

Um *die Bestimmung der Selbstkosten für Abschätzungszwecke* zu erleichtern, sei hier eine Zusammenstellung derjenigen einzelnen Faktoren gegeben, aus welchen sich sowohl die *Herstellungskosten* als auch die *Vertriebskosten* zusammensetzen, sowie derjenigen anderen Selbstkosten, welche als Verluste zu betrachten sind.

A. *Zu den* **Herstellungskosten** *gehören:*

1. Alle *Mieten* und *Pachten,* welche für die Benutzung von Betriebsmitteln aller Art, also z. B. für Arbeits- und Materialienlagerräume, für gepachtete Kraftmaschinen usw. gezahlt werden, soweit es sich dabei um die Fabrikation und nicht um den Vertrieb handelt.

2. Im Falle es sich nicht um gemietete oder gepachtete Fabrikationsräume und Fabrikationsmittel handelt, sondern um eigene Fabrikanlagen, treten an die Stelle der Mieten und Pachten die *Zinsen des in diesen Anlagen investierten, noch nicht amortisierten Kapitals,* soweit es der Fabrikation und nicht dem Vertriebe dient.

Im besonderen handelt es sich hierbei um die *Kapitalzinsen* aus den folgenden, der *Fabrikation* dienenden Objekten:

Grund und Boden, soweit er von der Fabrikation in Anspruch genommen wird.

Fabrikgebäude und Räume für den technischen Betrieb; also nicht nur die Kesselräume, Kraftanlagenräume, Werkstätten, Lagerräume für Rohmaterialien, sowie für Betriebsmaterialien und Halbfabrikate usw., sondern auch die Betriebsmagazine, technischen Büros usw.

Maschinen und maschinelle Einrichtungen aller Art, sowie Heizungs-, Beleuchtungs- und Wasserversorgungsanlagen für die Fabrikationsräume.

Werkzeuge, Utensilien und Mobilien, soweit dieselben dem technischen Betriebe dienen.

Fuhrpark und Transportgeräte aller Art, Bahnanschlußgleise, Verladebühnen, Schiffsanlegebrücken usw., soweit sie nicht dem Vertriebe dienen.

3. Die *Kosten für Instandhaltung aller Fabrikationshilfsmittel*, wie Fabrikgebäude, maschinelle Einrichtungen, Werkzeuge usw.

4. Die *Wertverminderung aller Fabrikationshilfsmittel* durch Abnützung und Altern.

5. Die *Kosten für Heizung, Beleuchtung und Wasserversorgung* der Fabrikationsräume.

6. Die *Kosten der Kraftbeschaffung.* Wenn die Betriebskraft im eigenen Betriebe erzeugt wird, gehören hierher die Kosten des Feuerungsmaterials, also der Verbrauch an Kohlen und anderem Feuerungsmaterial, die Löhne für Maschinisten, Heizer und Hilfsarbeiter, der Verbrauch an Schmier- und Putzmaterial für die Kraftmaschinen, der Wasserverbrauch usw. — Außerdem die schon weiter oben erwähnten Kosten, wie Verzinsung, Abnützung, Instandhaltung usw.

Wird die Betriebskraft von auswärts, z. B. von einem Elektrizitätswerk bezogen, so gehören hierher die hierfür zu zahlenden Abgaben und die daneben noch im eigenen Betriebe entstehenden Kosten.

In sinngemäßer Weise sind auch die Kosten einer Wasserkraft zu berücksichtigen.

7. Der *Wert des verbrauchten Materials* und zwar nicht nur der Wert des für den Bau der Maschine verwendeten Materials,

sondern auch der Wert des bei der Fabrikation als Abfall verloren gegangenen Materials (Materialverlust).

8. Der *Wert der verbrauchten Betriebsmaterialien*, wie Schmier-material, Putzmaterial, Schleifmaterial usw.

9. *Arbeitslöhne aller Art*. Also nicht nur die für die Herstellung des Fabrikates an die Facharbeiter und angelernten Arbeiter gezahlten Löhne für produktive Arbeiten, sondern auch die Löhne für unproduktive Nebenarbeiten, z. B. Reinigen der Werkstätten und Maschinen usw., sowie die Löhne für unproduktive Hilfsarbeiter, wie Kranführer, Wächter, Handlanger, Hofarbeiter, Packer, Magazinarbeiter usw.

10. Die *Gehälter und die betreffenden Spesen aller für den technischen Betrieb beschäftigten Beamten*. Hierher gehören die Gehälter der Betriebsleiter, Ingenieure, Techniker, Werkmeister, Magazinverwalter, Materialieneinkäufer, Lohnbuchhalter usw., sowie auch ein Teilbetrag für die Arbeitstätigkeit des Geschäftsleiters, wenn nur *eine* Person für die gesamte technische und kaufmännische Verwaltung vorhanden ist.

11. Die *Kosten für Herstellung der Konstruktionszeichnungen, Modelle, Muster* usw.

12. Die *Kosten für Probelauf von Maschinen* und sonstiger vor Ablieferung derselben notwendiger Probeversuche.

13. Die *Kosten für Unterhaltung des Fuhrparks* bzw. Benutzung des Bahnanschlußgleises usw., soweit diese Transportmittel für die Heranschaffung von Materialien, Maschinen usw. benutzt werden.

14. Die *Kosten des Einkaufs und der Heranschaffung aller Betriebsmittel und Materialien* und die *allgemeinen Kosten der technischen Betriebsverwaltung*. Also z. B. auch die Reisespesen der Einkaufs- und Betriebsbeamten, die Porto-, Fernsprecher- und Telegrammkosten der Einkaufs- und Fabrikkorrespondenz, die Kosten der ankommenden Emballage, soweit dieselben nicht durch Weiterverwertung der Emballage vermindert werden usw.

15. Die *Kosten für Patente, Gebrauchsmuster* und *Lizenzen*.

16. Die *Kosten für Feuerversicherung aller Fabrikationsmittel*, sowie für *Haftpflichtversicherung* und *sonstige Risiken* des Fabrikationsbetriebes.

17. Die *Beiträge zur Berufsgenossenschaft, Invaliditäts-, Alters- und Angestelltenversicherung*, sowie zu *Krankenkassen* usw., soweit

es sich um Beiträge für die Arbeiterschaft und das technische Personal handelt.

18. Die *für die Fabrikation zu zahlenden Steuern und Abgaben*, z. B. bei Wasserkraftbenutzung, Flußkatasterbeiträge usw.

B. *Zu den* Vertriebskosten *gehören*:

1. Die *Pachten* und *Mieten* für die dem kaufmännischen Betriebe dienenden Verwaltungsräume, Lagerräume, Verkaufsräume, Ausstellungsräume usw.

2. Die *Zinsen des in den kaufmännischen Vertriebsmitteln investierten, noch nicht amortisierten Kapitals*, falls diese kaufmännischen Vertriebsmittel dem Fabrikanten zu eigen gehören, da die Zinsen in diesem Falle an die Stelle der Pachten und Mieten treten.

Im besonderen gehören hierher die *Kapitalzinsen* für die folgenden *kaufmännischen Betriebsmittel*, soweit sie nicht der Herstellung des Fabrikats dienen.

Grund und Boden, soweit er von der kaufmännischen Verwaltung in Anspruch genommen wird.

Gebäude für die kaufmännische Verwaltung; also kaufmännische Büros, Archivräume, Verkaufsläden, Ausstellungsräume, Lagerräume für die fertigen Fabrikate, Pack- und Expeditionsräume für den Versand usw.

Maschinen und maschinelle Einrichtungen für den Versand, wie Packpressen, Verladekrane, Wiegevorrichtungen usw.; Werkzeuge, Utensilien und Mobilien für die vorerwähnten kaufmännischen Vertriebsräume und Anlagen für deren Heizung, Beleuchtung und Wasserversorgung.

Vorräte an fertigen Fabrikaten.

Fuhrpark und Transportgeräte aller Art, Bahnanschlußgleise, Verladebühnen, Schiffsanlegebrücken usw., soweit sie nicht der Fabrikation dienen.

Drucksachen für die Reklame, Preislisten, Kataloge usw.

3. Die *Kosten der Instandhaltung aller vorerwähnten und sonstigen Vertriebsmittel.*

4. Die *Abnützung aller Vertriebsmittel durch Altern und Gebrauch.*

5. Die *Kosten für Heizung, Beleuchtung, Wasserversorgung* usw. aller dem kaufmännischen Betriebe dienenden Räume.

6. Die *Zinsen des in den Vorräten von Rohmaterialien, Betriebsmaterialien und in den Lagervorräten von fertigen Fabrikaten ruhenden*

Kapitals, da die Anschaffung von Vorräten eine kaufmännische Maßnahme und keine technische Notwendigkeit ist.

7. Die *Gehälter, Tantiemen usw. des gesamten kaufmännischen Personals*, einschließlich eines entsprechenden Anteils für den Geschäftsleiter, falls die gesamte kaufmännische und technische Leitung von *einer* Person besorgt wird.

8. Die *Kosten für Feuerversicherung* und *sonstige Risiken* der gesamten .kaufmännischen Vertriebsmittel einschließlich aller Lagervorräte.

9. Die *Beiträge zur Invaliditäts-, Alters- und Angestelltenversicherung*, sowie zu *Krankenkassen* usw. für das kaufmännische Personal.

10. Die *Arbeitslöhne und Spesen für das Verpacken und die Expedition der verkauften Fabrikate*. Hierher gehören also auch die Betriebskosten des Fuhrparkes bzw. ähnlicher Transportmittel, wie Bahnanschlußgleis usw., soweit diese Transportmittel für den Versand der Fabrikate und den Verkauf derselben benutzt werden.

11. Die *Kosten der gesamten kaufmännischen Korrespondenz*, wie Portis, Telegramme, Fernsprechergebühren und sonstige *allgemeine Kosten der kaufmännischen Verwaltung*, einschließlich der Kosten des Abschlusses und der Abwicklung der Lieferungsverträge.

12. Die *Emballagekosten, Bahnfrachten, Zölle und Montagen*, soweit sie nicht von den Käufern der Fabrikate bezahlt werden.

13. Die *Kosten für Repräsentation*, Reklame und Geschäftsreisen, Verbandsbeiträge, Teilnahme an Ausstellungen usw., sowie die für den kaufmännischen Betrieb zu zahlenden *Abgaben, Steuern* usw.

C. Außergewöhnliche Kosten.

Außer den vorerwähnten *Herstellungs-* und *Vertriebskosten* erwachsen dem Fabrikanten noch unvorhergesehene andere Kosten, welche jedoch als **Geschäftsverluste** zu betrachten sind. Dementsprechend dürfen dieselben auch nicht in die Herstellungs- oder in die Vertriebskosten einkalkuliert werden, sondern müssen von dem Gewinne der Unternehmung getragen werden.

Derartige Verluste sind z. B. die Wertverminderung, welche die verkaufsfertigen Fabrikate durch Lagern oder Unmodernwerden erleiden, die Kosten der Vorstudien für neue Konstruktionen, die Materialverluste und Verluste an Lohn, welche durch Ausschußarbeiten entstanden sind, ferner auch die für die Vermittelung von Verkäufen zu zahlenden Provisionen und Vertretersubventionen, die Kosten von Rechtsstreitigkeiten, die Zinsen, welche bei Inanspruchnahme von Krediten gezahlt werden müssen und anderes mehr.

Herstellungskosten, Vertriebskosten und außergewöhnliche Kosten bilden zusammen die **Selbstkosten** *des Fabrikanten.*

Von diesen gesamten Selbstkosten des Fabrikanten kommen jedoch bei Schadenabschätzungen, im Falle es sich um eigene Fabrikate des Versicherungsnehmers handelt, nur die **Herstellungskosten** in Frage.

Handelt es sich dagegen um eingekaufte fremde Fabrikate, so werden von der Versicherung die **Anschaffungswerte** bzw. die von diesen hergeleiteten **Zeitwerte** gedeckt.

Bei Abschätzung für *Inventur- oder Verkaufszwecke* sind dagegen auch die *Vertriebskosten* und in gewissen Fällen auch der *Unternehmergewinn* entsprechend zu berücksichtigen. *Niemals sind jedoch die vorerwähnten, als* **Verluste** *zu tragenden außergewöhnlichen Kosten des Fabrikanten bei einer Abschätzung zu berücksichtigen, da dies Kosten sind, welche den Wert der Ware nicht erhöhen.*

Es ist nun selbstverständlich und auch schon weiter oben erwähnt, daß die Herstellungs- und die Vertriebskosten für jeden industriellen Betrieb, je nach seiner individuellen Eigenheit, verschieden sind, und daß daher nur die *Arbeitslöhne* und der *Materialverbrauch* eine sichere Grundlage für die Kalkulation des Wertes des Fabrikates bieten.

Man pflegt daher auch derart zu kalkulieren, daß man die gezahlten Arbeitslöhne als Grundlage der gesamten Kalkulation annimmt. Zu den Löhnen rechnet man den Wert des verbrauchten Materials hinzu und bestimmt ferner das Verhältnis der übrigen „*allgemeinen Regiespesen*" zu den Arbeitslöhnen. Das heißt, man rechnet aus, wieviel Prozent der Löhne die übrigen „allgemeinen Regiespesen" ausmachen und schlägt dann diesen Betrag, außer dem verbrauchten Material, noch auf die Löhne auf.

Nun wäre allerdings zu beachten, daß sich die „allgemeinen Regiespesen", je nach der geleisteten Arbeit, in einem anderen Verhältnis auf die verschiedenen Löhne verteilen[1].

---

[1] Siehe auch *Richard Schmidt*, „Zur Betriebskosten-Ermittelung" (in „Die Versicherungspraxis", 1908, S. 181 u. ff.). — *AwF im Verein deutscher Ingenieure*, „Richtige Selbstkostenberechnung als Grundlage der Wirtschaftlichkeit industrieller Unternehmungen und als Mittel zur Besserung der Wettbewerbsverhältnisse, Berlin 1921." — „Grundplan der Selbstkostenberechnung", 2. Ausgabe, Berlin 1921.

Die Dreherarbeit z. B., bei welcher das in den Drehbänken, dem Platzbedarf usw. ruhende Kapital zu berücksichtigen ist und auch die Kosten des Kraftverbrauches usw. hinzukommen, wird einen größeren Anteil an den „allgemeinen Regiespesen" bedingen als die Schlosserarbeit, für welche nur ein einfacher Schraubstock und weniges Handwerkszeug benötigt wird, und wiederum einen anderen Anteil als die Schmiedearbeit, bei welcher der Verbrauch an Schmiedekohlen usw. mitgerechnet werden muß.

Es müßte also, wenn man eine *genaue* Kalkulation aller einzelnen Werte aufstellen will, in jedem Falle ausgerechnet werden, welcher Zuschlag für die „allgemeinen Regiespesen" auf die Arbeitslöhne der *verschiedenen Arbeitskategorien*, wie Dreherarbeit, Schlosserarbeit, Schmiedearbeit, Tischlerarbeit usw. zu machen ist.

Eine derartige *genaue* Kalkulation ist selbstverständlich für die Geschäftsleitung des betreffenden Betriebes unbedingt notwendig, wenn es sich um die Feststellung der Verkaufspreise für die Fabrikate der Unternehmung bzw. um die Beschaffung der Rechnungsgrundlagen für Gewinn oder Verlust für die ganze Unternehmung handelt. Fehlt diese *genaue* Kalkulation, dann ist der Erfolg der Unternehmung von dem Zufalle abhängig.

Ein anderes ist es jedoch, wenn es sich um die Abschätzung für Inventurzwecke oder um Brandschadenabschätzungen handelt.

So wünschenswert es ist, auch hier *absolut genau* zu rechnen, läßt sich dies jedoch in der Praxis sehr oft leider nicht durch- führen, weil in vielen Fällen die hierzu nötigen statistischen Unterlagen und gesonderten Buchungen seitens der Geschäftsleitung der Unternehmung nicht beigebracht werden können.

Es wird sich also in allen diesen Fällen als notwendig erweisen, mit gewissen Durchschnittsziffern zu rechnen, welche einerseits die Aufgabe erleichtern und andererseits in ihren Resultaten den wirklichen Verhältnissen ziemlich nahe kommen.

Die Erfahrung lehrt nun, daß *unter den zeitigen wirtschaftlichen Verhältnissen* für den Bau von Maschinen, sowohl in eigentlichen Maschinenfabriken als auch in anderen Betrieben, welche sich einen Teil der für sie benötigten Maschinen selbst herstellen, das Verhältnis der Arbeitslöhne zu den „allgemeinen Regiespesen" im Jahresdurchschnitt wie 1 : 1,2 bis 1 : 3 ist. Das heißt, die „allgemeinen Regiespesen" verteuern die Herstellungskosten des

Fabrikates um mehr als das Einfache bis zum Dreifachen (120%
bis 300%) der gezahlten Löhne.

Die große Differenz zwischen 120% bis 300% ergibt sich aus der
Verschiedenheit der einzelnen Betriebe nach ihrer geographischen
Lage, ihrer Größe, ihrer maschinellen Einrichtung usw., wie
auch aus ihrer mehr oder minder wirtschaftlichen gesamten Be-
triebs- und Fabrikationsorganisation und der Verschiedenheit der
Fabrikate selbst.

Nimmt man nicht das Verhältnis des Jahresdurchschnittes der
Gesamtlöhne und der Regiespesen, sondern untersucht das Verhältnis zwischen Löhnen und Regiespesen für die einzelnen Arbeitskategorien, wie Dreherarbeit, Schlosserarbeit usw., so ergeben sich
naturgemäß noch größere Verschiedenheiten. In diesem Falle
stellen sich die Aufschläge, welche für „allgemeine Regiespesen"
bei den Herstellungskosten auf die Arbeitslöhne zu machen sind,
für die verschiedenen Arbeitskategorien gegenwärtig erfahrungs-
gemäß auf 60% bis 450% der Löhne.

Ist man nun wegen des Fehlens der nötigen Unterlagen nicht
in der Lage, eine *genaue* Kalkulation, wie im vorstehenden ausgeführt, für die einzelnen Arbeitskategorien aufzustellen, so wird
man *annähernd* den reinen Herstellungswert einer Maschine
ziemlich richtig bestimmen können, wenn man als Erfahrungs-
Durchschnittswert 200% *der aufgewendeten Löhne* als den anteiligen Wert der „allgemeinen Regiespesen" rechnet.

In sinngemäß ähnlicher Weise ist das *Verhältnis der Vertriebskosten zu den Herstellungskosten* zu ermitteln, d. h. derjenige prozentuale Aufschlag, welcher auf die Herstellungskosten gemacht
werden muß, um die *für den Verkauf* in Frage kommenden *Selbstkosten* des Fabrikanten zu bestimmen.

Eine Durchschnittsziffer für die *Vertriebskosten* läßt sich nicht
geben, da die jeweilige Höhe der *Vertriebskosten* eine beliebige und
unbegrenzte ist, insofern ein Fabrikant durch mehr oder minder
große Reklame, Unterhaltung von großen Verkaufsräumen, Be-
teiligung an Ausstellungen usw. seine Vertriebsspesen nach Gefallen
vergrößern oder auch niedriger halten kann. Die *Vertriebsspesen*
müssen also in jedem einzelnen Falle besonders ermittelt werden.

Hat man dann auch noch, je nach der Bedeutung der Unternehmung, einen angemessenen Unternehmergewinn für den Fabrikanten ausgeworfen, *so ergibt die Summe aus Herstellungs-*

kosten, Vertriebskosten und Unternehmergewinn den **Neupreis** *der Maschine.*

Daß dieser Neupreis jedoch nicht unbegrenzt hoch angenommen werden kann, ist selbstverständlich, denn der innere Wert einer Maschine wird z. B. dadurch nicht erhöht, daß der betreffende Fabrikant große Aufwendungen für die Reklame macht oder einen übermäßig großen Nutzen bei dem Verkaufe seiner Maschinen erzielen will. Es wird also stets Sache des betreffenden Taxators sein, den Zuschlag für Vertriebskosten und Unternehmergewinn zu den reinen Herstellungskosten in angemessenen Grenzen zu halten, um einen Neupreis der Maschine zu bestimmen, welcher dem Werte des Fabrikates gerecht wird und gleichzeitig den Preisen der Konkurrenz entspricht.

Hierbei wird der Taxator dann auch noch die zeitige Konjunktur auf dem Maschinenmarkte zu berücksichtigen haben und gleicherweise auch etwa von der Konkurrenz *bereits auf den Markt gebrachte Neukonstruktionen usw.*

———————

Die geretteten bzw. übriggebliebenen Teile der Maschine sind stets ebenfalls abzuschätzen und ist hierbei im besonderen festzustellen, ob dieselben für den *Wiederaufbau der Maschine* oder *zu anderen Zwecken* noch zu verwenden sind. Ist dieses nicht mehr der Fall, so ist ihr Gewicht festzustellen, was sich nach einem Schadenfalle vielfach *durch Nachwiegen* wird ermöglichen lassen, und ist alsdann der *Materialwert* auf Grund des ermittelten Gewichtes zu bestimmen.

Alle Untersuchungen zwecks Ermittelung der Zeitwerte müssen in gleicher Weise vorgenommen werden, wie dies bei nicht beschädigten Maschinen und maschinellen Vorrichtungen zu geschehen hat und in dem Kapitel über „die Ermittelung des Zeitwertes" bereits näher ausgeführt worden ist.

Faßt man alles Vorstehende zusammen, so ergeben sich für die Feststellung der Höhe des Schadens die hier folgenden Formeln:

Für die Bestimmung des Zeitwertes einer Maschine oder maschinellen Vorrichtung unmittelbar vor Eintritt des Schadenfalles werden *nur zwei Fälle* in Frage kommen.

Entweder es handelt sich, was am häufigsten der Fall ist, um eine *betriebsfertig montierte Maschine,* eventuell auch um eine noch in der Montage begriffene Maschine, dann war ihr Zeitwert *bei Eintritt des Schadenfalles*, nach der bereits auf S. 35 angegebenen Formel,

$$Z = n - a + \frac{k \cdot r}{l}$$

Oder es handelt sich um eine Maschine, welche *nicht montiert* war, dann war ihr Zeitwert Z_3 *bei Eintritt des Schadenfalles*

$$Z_3 = n - a + k_2$$

wobei n wiederum den Neuwert, a die Abnützung und k_2 die gehabten anteiligen Transportkosten (Fracht usw.) bei der Beschaffung der Maschine darstellen, mit Ausschluß von Montagekosten.

Wirtschaftliche Fragen, z. B. ob der Betriebsunternehmer den Betrieb eingestellt hatte usw., kommen bei der Abschätzung für Versicherungszwecke *nicht* in Betracht, sondern nur die *technischen Fragen*, in welchem Zustande sich die beschädigte Maschine befand, ob sie von veralteter oder neuerer Konstruktion war, ob sie beim Eintritt des Schadenfalles betriebsfähig dastand oder ob sie demontiert bzw. infolge eines ihr anhaftenden technischen Mangels nicht betriebsfähig war.

Für den Wert der beschädigten Maschine usw. *nach* dem Schadenfalle sind ebenfalls nur *zwei Fälle* möglich.

Entweder die Maschine hat nur einen *reparierbaren* Schaden erlitten oder sie ist *völlig zerstört*.

Bedarf es nur einer Reinigung und Reparatur der Maschine, ohne Beschaffung neuer Ersatzteile, *so ist der Schaden gleich den Kosten dieser Reinigung und Reparatur.*

Sind jedoch auch neue Ersatzteile nötig, so umfaßt der Schaden außer den Reparaturkosten p auch den Wert der Ersatzteile e und deren Transportkosten t (Fracht usw.). Da die neuen Ersatzteile jedoch wertvoller sind, als es die alten bei dem Brande zerstörten Teile der Maschine waren, so verringert sich der Schaden um dieses Wertverhältnis und ferner auch noch um den Wert m (Materialwert usw.), welcher den ausgewechselten Teilen der Maschine noch innehaftete. Diese Schadenverringerung ist selbstverständlich gleichbedeutend mit einer Werterhöhung der Maschine nach dem Brande.

Der *Wert nach dem Schadenfalle* ist alsdann:

1. bei einer *betriebsfertig* oder in Montage gewesenen Maschine

$$Z_4 = \left(n - a + \frac{k \cdot r}{l}\right) - \left(p + \frac{e \cdot r}{l} + t\right) + m$$

2. bei einer *demontiert* gewesenen Maschine

$$Z_5 = (n - a + k_2) - \left(p + \frac{e \cdot r}{l} + t\right) + m$$

In beiden Fällen *beträgt der Schaden S mithin*

$$S = \left(p + \frac{e \cdot r}{l} + t\right) - m$$

Ist dagegen die Maschine durch das Schadenereignis *völlig zerstört* worden, so besteht ihr Wert nach dem Schadenfalle nur noch aus dem *Verkaufswerte* der übriggebliebenen Rudera.

Der *Schaden* erreicht in diesem Falle also die Höhe des Zeitwertes, welchen die Maschine unmittelbar vor Eintritt des Schadenfalles hatte, d. h. Z_6 nach den bereits weiter oben angegebenen Formeln für Z oder Z_3, abzüglich des Wertes der übriggebliebenen Rudera R mithin:

$$S = Z_6 - R.$$

Für die Schadenprotokolle der Sachverständigen empfiehlt es sich, ein einheitliches Formular zu verwenden, das nebenstehende Kolonnen enthalten müßte:

Die Kennzeichnung und Beschreibung der einzelnen beschädigten Gegenstände hat in diesen Sachverständigen-Schadenprotokollen in ebenso ausführlicher Weise zu erfolgen, wie es bereits in dem Kapitel über die Vortaxen für diese erwähnt ist. Auch ist in den Beschreibungen der Name des Fabrikanten der betreffenden Maschine, das Jahr der Anschaffung usw. anzugeben. Angaben über den mehr oder minder hohen Grad der Beschädigung zu machen ist zweckdienlich, jedoch nicht un-

Nummer der Position	Gegenstand	Neuwert		Wert				Schaden		Bemerkungen
		ℳ	₰	vor dem Brande		nach dem Brande				
				ℳ	₰	ℳ	₰	ℳ	₰	

bedingt erforderlich, da sich der Grad der Beschädigung aus den Werten der Maschine „vor dem Schadenfalle" und „nach dem Schadenfalle" ziffermäßig ergibt.[1]

---

[1] Aus der Praxis des Verfassers, und zwar aus einer

Brandschadenabschätzung in einer Maschinenfabrik,

seien hier Beispiele der Schadenberechnung angeführt, je für eine total zerstörte Maschine, eine nur teilweise beschädigte Maschine und eine Maschine, die als Lagervorrat für den Verkauf im Betriebe des Versicherten selbst hergestellt war und gleichfalls total zerstört wurde, sowie ferner für ein zerstörtes, in Arbeit befindliches Werkstück. Die Preise entsprechen denen des zweiten Halbjahres 1919. Gleichzeitig seien diese 4 Schadenfälle für das weiter unten folgende Beispiel eines Schadenprotokolles der Sachverständigen verwendet.

1. Beispiel:

Eine *Doppelständer-Hobelmaschine*, Gewicht ca. 15 100 kg. Die Hobelmaschine war $4^1/_2$ Jahre vor dem Brande zum damaligen Neupreise von 11 550 ℳ ausschließlich Verpackung und Fracht von der Firma Uttawerke, Maschinenbau-Aktiengesellschaft in Reinhardsbrunn*) angekauft. Auf diesen Preis gewährte die Firma bei Barzahlung innerhalb 30 Tagen de dato Faktura einen Kassa-Skonto von 2%. Die Firma hatte inzwischen bis zum Brandtage ihre Preise um einen Teuerungszuschlag von 250% erhöht.

Durch den Brand war die Maschine total zerstört worden und ihre Wiederherstellung in einen brauchbaren Zustand nicht mehr möglich. Die Schadenberechnung der Sachverständigen stellte sich wie folgt:

Kaufpreis der Hobelmaschine	ℳ	11 550,—
250% Teuerungszuschlag	„	28 875,—
Summe	ℳ	40 425,—
Kassa-Skonto 2%	„	808,50
	ℳ	39 616,50
Verpackung, soweit nicht wieder verwendbar	„	225,50
Fracht und Anfuhr von Reinhardsbrunn bis in die Fabrik des Versicherten	„	675,—
Montage der Maschine	„	1 850,—
Anschaffungspreis der Maschine am Tage des Brandes	ℳ	42 367,—

Von diesem Betrage war abzuziehen der Minderwert, welchen die durch den Brand zerstörte Maschine durch ihre Abnützung während ihres $4^1/_2$jährigen Betriebes bereits erlitten hatte, sowie der Zeitwert der noch übriggebliebenen Rudera der durch das Feuer zerstörten Maschine.

Die Lebensdauer der Doppelständer-Hobelmaschine ist bei normalem Betriebe auf 20 Jahre anzunehmen. Da aus den Rudera der Maschine eine anormale Abnützung nicht festzustellen war, war als Abnützungsquote mithin eine Abschreibung von 5% pro Jahr zu rechnen, d. h. im vorliegenden Falle waren bei $4^1/_2$ Jahren Betriebsdauer $22^1/_2$% des Anschaffungswertes in Abzug zu bringen. Der Wert der Rudera, das Gewicht der Maschine zu 15 100 kg angenommen, berechnete sich am Tage des Brandes auf 3926 ℳ.

*) Die Namen der Maschinenfabrikanten sind durch fingierte Namen ersetzt.

Die in dem Schadenprotokoll der beiden Sachverständigen erfolgten Feststellungen bzw. die des Obmanns sind endgültig und

Die Schadenfeststellung der Sachverständigen ergab mithin folgendes Resultat:

Neuwert der Maschine am Tage des Brandes . . . . $\mathcal{M}$ 42 367
Zeitwert unmittelbar vor dem Brande . . . . „ 32 834
Wert nach dem Brande . . . . „ 3 926
Schaden . . . . „ 28 908

2. Beispiel:

Ein Nebenschluß-Elektromotor für 220 Volt Spannung, Leistung 18 PS, Fabrikat der Allgemeinen Elektrizitätsindustrie in Nordheim. Angekauft $3^1/_4$ Jahre vor dem Brande zum Neupreise von 3475 $\mathcal{M}$ ab Nordheim; Fracht und Montagekosten 95 $\mathcal{M}$.

Der Motor hatte bei dem Brande nur einen Teilschaden erlitten und ließ sich wieder betriebsfähig herstellen. Außer einigen kleineren Beschädigungen war vornehmlich die Wickelung des Ankers zerstört, so daß der Anker neu gewickelt werden mußte. Die Berechnung der Reparaturkosten stellte sich wie folgt:

1. Demontage und Reinigung des Elektromotors von dem Brandschmutze: Arbeitslohn für 2 Schlosser zusammen 8 Stunden zu
    4,60 $\mathcal{M}$ pro Mann und Stunde . . . . $\mathcal{M}$ 36,80
    1 Hilfsarbeiter 8 Stunden zu 3,35 $\mathcal{M}$ . . . . „ 26,80
2. Verpackung und Fracht für die beschädigten Teile zum Fabrikanten . . . . „ 39,70
3. Reparaturrechnung des Fabrikanten laut eingeholter Offerte . . . „ 625,75
4. Rückfracht zum Versicherten . . . . „ 32,—
5. Einsetzen der reparierten Teile in den Elektromotor und Wiedermontage desselben:
    1 Schlosser 7 Stunden zu 4,60 $\mathcal{M}$ . . . . „ 32,20
    2 Hilfsarbeiter zusammen 5 Stunden zu 3,35 $\mathcal{M}$ pro Mann
    und Stunde . . . . „ 16,75
                             Summe $\mathcal{M}$ 810,—

Die Lebensdauer des Elektromotors ist bei normalem Betriebe auf 15 Jahre anzunehmen. Wie an dem Motor ersichtlich, war die Abnützung bisher eine normale; es waren also für Abnützung rund 22%*) von dem Nennwerte in Abzug zu bringen.

Die Schadenfeststellung der Sachverständigen ergab mithin folgendes Resultat:

Neuwert des Elektromotors, zuzüglich Fracht und Montage, am Tage des Brandes . . . . $\mathcal{M}$ 3 570,—
Zeitwert unmittelbar vor dem Brande . . . . „ 2 785,—
Wert nach dem Brande . . . . „ 1 975,—
Schaden . . . . „ 810,—

3. Beispiel:

Eine *Horizontal-Fräsmaschine*, Gewicht 1950 kg, Katalogverkaufspreis des Versicherten 3800 $\mathcal{M}$, Teuerungszuschlag 225%. Die Fräsmaschine und das Deckenvorgelege sind durch den Brand total zerstört.

*) Man pflegt bei großen Brandschäden die Einzelbeträge in den Berechnungen abzurunden.

für die beiden Parteien, den Versicherer und den Versicherten rechtsverbindlich, es sei denn, daß sie von der wirklichen Sach-

In diesem Falle handelt es sich darum, die *Herstellungskosten* zu ermitteln. Die Entschädigung für die auf Lager vorrätig gewesenen Selbstfabrikate des Versicherten wird begrenzt durch die Höhe der reinen *Herstellungs-Selbstkosten*, welche aufzuwenden sind, um diese Maschinen wieder neu herzustellen, wobei von diesen Selbstkosten noch der Wert der nach dem Brande vorhandenen Rudera in Abzug zu bringen ist.

Die Kalkulation der Fräsmaschine nebst Deckenvorgelege ergab nun auf Grund der vorhandenen Statistiken und Lohnlisten die folgenden Werte:

Rohmaterial . . . . *ℳ* 2 156,—
Materialverlust 5% von 2156 *ℳ* . . . . „ 107,80
Arbeitslöhne für Hauptarbeiten (Drehen, Hobeln, Fräsen usw.). . . . „ 1 324,—
192$^1/_2$% Aufschlag für „allgemeine Regiespesen" auf die Arbeitslöhne
    für Hauptarbeiten . . . . „ 2 548,70
Arbeitslöhne für Nebenarbeiten (Schmiede, Schlosser, Zusammensetzen,
    Maler usw.) . . . . „ 334,—
127% Aufschlag für „allgemeine Regiespesen" auf die Arbeitslöhne
    für Nebenarbeiten . . . . „ 424,18

Herstellungskosten Summe *ℳ* 6 894,68

Die Schadenberechnung der Sachverständigen hat daher folgendes Resultat:

Neuwert der Fräsmaschine nebst Deckenvorgelege am Tage des Brandes *ℳ* 6 895,—
Zeitwert unmittelbar vor dem Brande . . . . „ 6 895,—
Wert nach dem Brande, je 100 kg zu 26 *ℳ* . . . . „ 507,—
Schaden . . . . „ 6 388,—

4. Beispiel:

Von einer in der Herstellung befindlichen *Werkzeug-Schleifmaschine* war bei dem Brande der gußeiserne Ständer gesprungen und *nicht* mehr *verwendbar.* An dem Ständer, welcher ein Gewicht von 100 kg hatte, waren bereits die Bohrlöcher für die Befestigungsschrauben gebohrt. Der Ständer befand sich beim Eintritt des Brandfalles auf der Hobelmaschine, und die zu hobelnden Flächen waren etwa zur Hälfte bereits gehobelt.

Die Kalkulation ergab im vorliegenden Falle auf Grund der Statistiken, Lohnlisten usw. die folgenden Werte:

Bezugspreis des Ständers im rohen Zustande, 100 kg zu 165 *ℳ* . . . . . *ℳ* 165,—
Verausgabte Löhne für Bohren der Löcher . . . . „ 4,50
90% Aufschlag für „allgemeine Regiespesen" auf Bohrerarbeiten . . „ 4,05
Verausgabte Löhne für Aufspannen und Hobeln . . . . „ 9,75
197% Aufschlag für „allgemeine Regiespesen" auf Hobelarbeiten . . „ 19,20

Summe *ℳ* 202,50

Die Schadenberechnung der Sachverständigen stellte sich mithin wie folgt:

Neuwert des Ständers am Tage des Brandes . . . . *ℳ* 202,50
Zeitwert unmittelbar vor dem Brande . . . . „ 202,50
Wert nach dem Brande, 100 kg Brucheisen . . . . „ 26,—
Schaden . . . . „ 176,50

Die vorerwähnten 4 Beispiele ergaben das hier folgende Schadenprotokoll der Sachverständigen:

Nummer der Position	Gegenstand	Neuwert ℳ	₰	Wert vor dem Brande ℳ	₰	Wert nach dem Brande ℳ	₰	Schaden ℳ	₰	Bemerkungen
15	Eine **Doppelständer-Hobelmaschine**, Hobelbreite 1500 mm, Hobelhöhe 1500 mm, Tischbreite 1200 mm, Durchzugskraft an der Tischfläche 7100 kg, Hobellänge 3500 mm, mit Riemenumsteuerung, 2 Schnittgeschwindigkeiten von 140 mm bzw. 250 mm je Sekunde, Rücklauf konstant 350 mm je Sekunde. Das Gewicht der Maschine betrug laut Prospekt der Lieferantin (Uttawerke, Maschinenbau-Aktiengesellschaft in Reinhardsbrunn) 15 100 kg. Die Hobelmaschine war Mitte 1915 angeschafft und rund $4^1/_2$ Jahre in Betrieb	42367	—	32834	—	3926	—	28908	—	*Die Hobelmaschine war mit einem besonderen Vertikalsupport ausgerüstet, der mit der Maschine total zerstört wurde.*
16	Ein **Nebenschluß-Elektromotor** für 220 Volt, 69 Ampère, 1070 Umdrehungen in der Minute, 18 PS normale Leistung. Der Motor stammt aus der Fabrik der Allgemeinen Elektrizitätsindustrie in Nordheim und war $3^1/_4$ Jahre in Betrieb. Er ist durch den Brand usw. stark verschmutzt. An dem Gehäuse ist an einem Fuße ein Stück ausgebrochen; der Anker muß neu gewickelt werden .	3570	—	2785	—	1975	—	810	—	
17	Eine **Horizontal-Fräsmaschine**, Längsbewegung des Fräserschlittens 1100 mm, Querbewegung des Fräserschlittens 200 mm, Vertikalverschiebung des Tisches 600 mm, Größe des Tisches 700 mm × 1200 mm, Gewicht 1950 kg; nebst einem Deckenvorgelege. Eigenes für den Verkauf hergestelltes Fabrikat .	6895	—	6895	—	507	—	6388	—	*Als Neuwert ist nur der Herstellungswert gerechnet.*
18	Ein **Ständer** zu einer Werkzeug-Schleifmaschine, Gewicht 100 kg .	202	50	202	50	26	—	176	50	

lage offenbar erheblich abweichen. Ein gegen die Rechtsgültigkeit des Schadenprotokolls etwa angestrengter Zivilprozeß hat daher auch nur sehr geringe Aussicht auf Erfolg. Die Feststellungen der Sachverständigen erfolgen in derselben Weise, gleichviel ob es sich um einen Feuerschaden, um einen Bruchschaden oder um einen Wasserschaden usw. handelt.

In manchen Schadenfällen, besonders in Maschinenfabriken, erweist es sich als notwendig, die Herstellungskosten der betreffenden Fabrik z. B. für die von ihr selbst hergestellten Maschinen, die als Erzeugnisse der betreffenden Unternehmung in den Handel gebracht werden, zu ermitteln bzw. abzuschätzen. In den meisten Fällen wird diese *Nachkalkulation der Herstellungskosten* an Hand der von der betreffenden Unternehmung geführten Statistiken und Lohnlisten verhältnismäßig leicht möglich sein[1]).

Dagegen ist es in manchen Fällen garnicht ausführbar auf diesem Wege zu *richtigen* Resultaten zu gelangen, welche beiden Parteien, dem Versicherten und dem Versicherer, gleichmäßig gerecht werden. So z. B. wenn bei dem Brande auch das Archiv mit den Handlungsbüchern, Kalkulationsbüchern, Statistiken, Lohnlisten usw. des Versicherten zerstört worden ist, oder wenn der Versicherte überhaupt keine Selbstkostenstatistiken geführt bzw. keine Kalkulationen aufgestellt hatte.

Die Preise der von Dritten angekauften Maschinen können verhältnismäßig leicht auch dann noch ermittelt werden, wenn das Archiv des Versicherten zugrunde gegangen ist. Dagegen lassen sich die *Herstellungskosten* der im eigenen Betriebe des Versicherten hergestellten Maschinen in diesem Falle mit *Sicherheit* nicht mehr ermitteln, weil es den Sachverständigen als Fremden ja nicht möglich ist, alle diejenigen Einzelheiten des Betriebes *speziell des Versicherten* zu kennen, welche von Einfluß auf die Höhe *seiner* Selbstkosten waren.

/ Es hat sich daher in der Praxis ein für manche Fälle wohl geeignetes Verfahren herausgebildet, die Selbstkosten der für den Verkauf vorrätig gewesenen und durch den Brand zerstörten Selbstfabrikate des Versicherten nicht durch eine Nachkalkulation festzustellen, sondern die Selbstkosten in umgekehrter Weise aus den *Verkaufspreisen* des Versicherten zu ermitteln.

---

[1]) Siehe auch *Mundstein, J.*, Die Nachkalkulation nebst zugehöriger Betriebsbuchhaltung in der modernen Maschinenfabrik, Berlin 1920.

Selbstverständlich wird man von diesem Verfahren, *welches immer nur eine „Schätzung"*, **niemals eine genaue Kalkulation** *bedeutet*, Abstand nehmen, wenn genaue Kalkulationen des Versicherten vorliegen und durch die Sachverständigen nachkontrolliert werden können.

Auch in dem Falle wird das Verfahren, die Selbstkosten aus den Verkaufspreisen zu ermitteln, nicht anzuwenden sein, wenn der Versicherte keine Kalkulationen aufgestellt und nachweislich in seinem Betriebe mit *Verlust* gearbeitet hatte. In diesem Falle liegt die Möglichkeit vor, daß die Verkaufspreise des Versicherten zu niedrig angesetzt waren, und es könnte mithin eine unberechtigte Schädigung des Versicherten herbeigeführt werden, wenn man aus diesen *unrichtigen* Verkaufspreisen die Selbstkosten ermitteln wollte.

Anders liegt es jedoch in allen denjenigen Fällen, in welchen weder Statistiken über die Betriebskosten noch zuverlässige Kalkulationen des Versicherten vorhanden sind, anderseits jedoch nachweisbar ist, daß der Versicherte in seinem Betriebe mit *Gewinn* gearbeitet hat und seine Verkaufspreise daher nicht zu niedrig angesetzt waren.

Die in Rede stehende Methode, die Selbstkosten aus den *Verkaufspreisen* zu bestimmen, hat zur Grundlage, nicht die Herstellungskosten des Fabrikates, sondern die *Vertriebskosten*[1]) desselben zu ermitteln und alsdann diese Vertriebskosten, zuzüglich des Gewinnes des Fabrikanten, von den Verkaufspreisen in Abzug zu bringen, so daß die Selbstkosten übrig bleiben.

Allerdings wird diese Art der Berechnung der Herstellungskosten aus den Verkaufspreisen, wie schon im Vorstehenden erwähnt, nicht immer genaue Resultate geben, worauf hier nochmals ausdrücklich hingewiesen sei. Meistens werden sich nur „Schätzungsresultate" ergeben, welche nur soweit auf „annähernde" Richtigkeit Anspruch erheben können, als es die jeweilig vorliegenden Umstände zulassen[2]).

---

[1]) Über „Vertriebskosten" siehe vorher, S. 60, 64 ff.

[2]) Die Art und Weise, wie die Berechnung der Selbstkosten aus den *Verkaufspreisen* erfolgt, ergibt das hier folgende Beispiel:
Für die in dem vorangegangenen 3. Beispiel angeführte *Horizontal-Fräsmaschine* hatte der Versicherte den Verkaufspreis, unter Aufrundung der einzelnen Beträge *vor* dem Kriege wie folgt kalkuliert:

Bei Brandschadenabschätzungen tritt, besonders dann, wenn es sich um große Fabrikbrände handelt, häufig der Fall ein, daß ein Teil der maschinellen Fabrikeinrichtung so total zerstört ist, daß die Bestimmung seines Zeitwertes am Tage des Brandes nur noch auf rechnerischer Grundlage erfolgen kann. Ein anderer Teil der maschinellen Einrichtung ist dagegen unbeschädigt geblieben.

```
Herstellungskosten laut separat geführten Kalkulationsbüchern. . .  ℳ 2 150,—
Vertriebskosten laut allgemeinem Überschlag aus den Handlungs-
    büchern, 30% der Herstellungskosten . . . . . . . . . . . . .  „   650,—
                              Selbstkosten Summe  ℳ 2 800,—
                                    Für Gewinn 20%  „   560,—
                           1. Verkaufswert Summe  ℳ 3 360,—
Für Rabatte an Vertreter und Großkundschaft 12¹/₂%  . . . . .  „   420,—
                           2. Verkaufswert Summe  ℳ 3 780,—
                                  Zur Aufrundung  „    20,—
                            Katalogverkaufspreis  ℳ 3 800,—
```

Seit Beginn des Krieges hatte der Versicherte nicht mehr neu kalkuliert, sondern sich damit begnügt, auf seine bisherigen Katalogpreise die von den amtlichen Stellen und den Verbänden der Maschinenfabrikanten jeweilig bekanntgegebenen Teuerungszuschläge aufzuschlagen.

Die Handlungsbücher des Versicherten, speziell die von ihm vorgelegten Bilanzen ergaben im vorliegenden Falle, daß der Reingewinn des Versicherten, nach Vornahme der üblichen Abschreibungen usw., im Durchschnitt der letzten 2 Jahre sich jährlich nur auf 9% des Geschäftskapitals stellte. Es bedeutet dieses, daß der Versicherte in seiner Kalkulation vor dem Kriege die Betriebskosten zu niedrig und dagegen seinen Gewinn zu hoch kalkuliert hatte.

Wenn nun die Sachverständigen nur den wirklich erzielten Gewinn als Faktor in ihre Rechnung einsetzen, dann wird hierdurch der notwendige Ausgleich mit der vorerwähnten Kalkulation des Versicherten auch hinsichtlich der Vertriebskosten geschaffen.

Die Berechnung der Selbstkosten durch die Sachverständigen aus dem Verkaufspreise des Versicherten ergibt dann nämlich folgendes. Resultat:

```
Katalogpreis der Fräsmaschine . . . . . . . . . . . . . . . . .  ℳ  3 800,—
Teuerungszuschlag 225% . . . . . . . . . . . . . . . . . . . .  „   8 550,—
                                                               ℳ 12 350,—
Ab 12¹/₂% für Rabatte. . . . . . . . . . . . . . . . . . . . .  „   1 544,—
                                                               ℳ 10 806,—
Abzüglich 9% Gewinn des Versicherten . . . . . . . . . . . . .  „    973,—
Selbstkosten . . . . . . . . . . . . . . . . . . . . . . . . .  ℳ  9 833,—
Davon 30% als Vertriebskosten abzuziehen. . . . . . . . . . . .  „   2 950,—
                                Herstellungskosten mithin  ℳ  6 883,—
```

In diesem Beispiel zeigt sich eine *fast absolut genaue* Übereinstimmung der aus den Verkaufspreisen ermittelten Herstellungskosten mit den durch die Kalkulation ermittelten Herstellungskosten (siehe S. 74). Dieses Beispiel ist jedoch nur aus dem Grunde gewählt worden, um die Methode der Berechnung zu zeigen. In der Praxis werden sich *nicht* immer so genaue Resultate ergeben.

Um festzustellen, ob der Gesamtzeitwert der am Tage des Brandes vorhanden gewesenen Maschinen durch die Versicherungssumme gedeckt ist bzw. ob eine Über- oder Unterversicherung vorliegt, müssen dann in fast allen Fällen auch die unbeschädigt gebliebenen Maschinen auf ihren Zeitwert abgeschätzt werden, was selbstverständlich durch ihre Besichtigung und Untersuchung geschehen kann.

Es entsteht nun aber die Frage, ob es in diesem Falle recht und billig ist, den Zeitwert des einen Teiles der maschinellen Fabrikeinrichtung auf rein rechnerischer Grundlage und den des anderen Teils auf Grund einer Besichtigung und Untersuchung der Maschinen zu bestimmen, da sich hierdurch *verschiedenartige Resultate* für die beiden Teile ergeben können, trotzdem es sich vielleicht um *gleichartige* Maschinen handelt, welche die *gleiche Zeit von Jahren gleichmäßig* im Betriebe waren.

Ein loyales Verhalten bedingt hier eine zwischen den beiden Parteien, dem Versicherungsgeber und dem Versicherungsnehmer, entgegenkommend zu treffende Verständigung dahin, daß die Schadenabschätzung in diesem Falle gleichartig nur nach einer der beiden Arten erfolgt.

Es wird sich hierbei in der Hauptsache darum handeln, für den speziell vorliegenden Fall sich über die *Lebensdauer* der einzelnen Maschinengruppen zu verständigen, was am besten durch die Besichtigung und Untersuchung der unbeschädigt gebliebenen Maschinen geschieht. Für die Bestimmung des *Zeitwertes* sowohl der zugrundegegangenen als auch der geretteten Maschinen empfiehlt es sich dann aber, gleichartig rein rechnerisch zu verfahren.

Maschinen als wesentliche Bestandteile von Gebäuden.

Der zweite Abschnitt des **Bürgerlichen Gesetzbuches**, welcher über „Sachen" handelt, enthält unter anderem auch die folgenden hier in Betracht kommenden Bestimmungen:

§ 93. Bestandteile einer Sache, die voneinander nicht getrennt werden können, ohne daß der eine oder der andere zerstört oder in seinem Wesen verändert wird (wesentliche Bestandteile), können nicht Gegenstand besonderer Rechte sein.

§ 94. Zu den wesentlichen Bestandteilen eines Grundstückes gehören die mit dem Grund und Boden fest verbundenen Sachen, insbesondere Gebäude, ... Zu den wesentlichen Bestandteilen eines Gebäudes gehören die zur Herstellung des Gebäudes eingefügten Sachen.

§ 97. Zubehör sind bewegliche Sachen, die, ohne Bestandteile der Hauptsache zu sein, dem wirtschaftlichen Zwecke der Hauptsache zu dienen bestimmt sind und zu ihr in einem dieser Bestimmung entsprechenden räumlichen Verhältnisse stehen. Eine Sache ist nicht Zubehör, wenn sie im Verkehre nicht als Zubehör angesehen wird.

Die vorübergehende Benutzung einer Sache für den wirtschaftlichen Zweck einer anderen begründet nicht die Zubehöreigenschaft. Die vorübergehende Trennung eines Zubehörstückes von der Hauptsache hebt die Zubehöreigenschaft nicht auf.

§ 98. Dem wirtschaftlichen Zwecke der Hauptsache sind zu dienen bestimmt:

1. bei einem Gebäude, das für einen gewerblichen Betrieb dauernd eingerichtet ist, insbesondere bei einer Mühle, einer Schmiede, einem Brauhaus, einer Fabrik, die zu dem Betriebe bestimmten Maschinen und sonstigen Gerätschaften;

2. ....

Durch diese gesetzlichen Bestimmungen sind unter gewissen Vorbedingungen Maschinen und maschinelle Vorrichtungen als wesentliche Bestandteile des Gebäudes anzusehen, in welchem sie zum Betrieb aufgestellt sind. Sie sind damit in das Eigentumsrecht des Eigentümers des Gebäudes bzw. in das Pfandrecht der Hypothekengläubiger übergegangen, auch selbst dann, wenn sie dem Maschinenlieferanten noch nicht bezahlt worden sind und dieser sich bis zu ihrer vollständigen Bezahlung das Eigentumsrecht an den Maschinen vorbehalten hatte.

Da bei dem *Verkaufe von Grundstücken und Gebäuden* Steuer- bzw. Stempelabgaben zu entrichten sind, und diese sich nach dem *Werte des Verkaufsobjektes* richten, wird der Taxator von maschinellen Anlagen, wie schon auf S. 15 erwähnt, öfters vor die Aufgabe gestellt werden, in seiner Taxe diejenigen Maschinen und maschinellen Vorrichtungen, welche als wesentliche Bestandteile des Gebäudes anzusehen sind, getrennt von den übrigen Maschinen aufzuführen oder doch wenigstens besonders zu kennzeichnen.

Bei der Auslegung der vorstehenden gesetzlichen Bestimmungen sind die beiden rechtlich verschiedenen Begriffe „wesentlicher

Bestandteil" und „Zubehör" streng auseinander zu halten. Der Bestandteil geht in der Sache auf, das Zubehör bleibt selbständige Sache.

Das Bürgerliche Gesetzbuch enthält nun keine *positiven Vorschriften* darüber, unter welchen Vorbedingungen eine Maschine wesentlicher Bestandteil und unter welchen anderen Bedingungen sie Zubehör eines Gebäudes ist. Es muß daher, sobald ein Zweifel hierüber entsteht, auf die bisher ergangenen Reichsgerichtsentscheidungen zurückgegriffen werden.

Über „Bestandteil" und „Zubehör" sagt das Reichsgericht:

„Um im einzelnen Falle Entscheidung darüber zu treffen, ob der Gegenstand wesentlicher Bestandteil einer Sache ist, muß man sich in erster Linie von der Vorstellung leiten lassen, daß der Gegenstand ein *Bestandteil*, ein Teil des Bestandes sein, und daß dieser Teil mit anderen Teilen zusammen *eine Sache* bilden muß. Als Bestandteile einer Sache sind diejenigen körperlichen Gegenstände anzusehen, die entweder von Natur eine Einheit bilden, oder durch *Verbindung* miteinander ihre *Selbständigkeit* dergestalt *verloren* haben, daß sie fortan, solange die Verbindung dauert, als eine *einzige Sache* erscheinen. Sachen im Sinne des Bürgerlichen Gesetzbuches sind nur *körperliche Gegenstände*. Zu den Sachen, also körperlichen Gegenständen, ist nach dem Bürgerlichen Gesetzbuch auch eine „Fabrik" zu zählen.

Weiter aber ist nicht außer acht zu lassen, daß bei einem gewerblichen Gebäude, insbesondere einer Fabrik, die zu dem Betriebe bestimmten Maschinen und sonstigen Gerätschaften *Zubehör* seien. Dies schließt allerdings nicht aus, daß die Maschinen nach Lage des einzelnen Falles Bestandteile des gewerblichen Gebäudes sein *können* [1]).

Der Begriff Zubehör betrifft nur bewegliche Sachen, die nicht Bestandteile der Hauptsache sind, sondern eine selbständige Existenz haben. Das Zubehör muß die Bestimmung haben, dem wirtschaftlichen Zwecke der Hauptsache dauernd zu dienen, und in einem dieser Bestimmung entsprechenden räumlichen Verhältnisse stehen; die Eigenschaft als Zubehör darf ferner der Verkehrsauffassung nicht widersprechen. Dem wirtschaftlichen Zwecke der Hauptsache zu dienen bestimmt sind bei einer Fabrik die zu dem Betriebe bestimmten Maschinen und sonstigen Gerätschaften.

---

[1]) Siehe Entscheidungen des Reichsgerichts in Zivilsachen, Bd. 67, S. 32ff.

Hiernach beruht der Unterschied zwischen Bestandteil und Zubehör im wesentlichen darauf, daß die Bestandteile einer Sache zu ihrer Vollendung dienen, in ihr aufgehen und damit ihre körperliche Selbständigkeit einbüßen, während das Zubehör, *unter Wahrung seiner Selbständigkeit*, der Hauptsache hinzugefügt wird, weil diese sonst ihrer wirtschaftlichen Bestimmung nur unvollkommen entsprechen würde[1]."

Da die *Judikatur des Reichsgerichts* in bezug auf die grundlegende Frage keine Verschiedenheiten zeigt, und auch die neuesten Entscheidungen des Reichsgerichts von der bisherigen Rechtsprechung nicht abweichen, wenngleich sie dieselbe in manchen Fällen gemildert haben, dürfte es angezeigt sein, hier kurz den Standpunkt des Reichsgerichts in dieser Frage anzuführen.

Die Auffassung des Reichsgerichts ist in dem *Urteil vom 2. November* 1907, dessen *Kernpunkte* im wesentlichen die folgenden sind, bisher am erschöpfendsten zum Ausdruck gebracht[2].

1. Unter einer *Fabrik* ist nur ein für einen gewerblichen Betrieb dauernd eingerichtetes **Gebäude** zu verstehen. Bei der Bestimmung, was Teil dieses Gebäudes ist, ist die *Zweckbestimmung* des Gebäudes als maßgebend in Betracht zu ziehen, und kommt es dabei wesentlich auf die **Verkehrsauffassung** an.

2. Für die Bestandteilseigenschaft einer Maschine im Verhältnis zu einer Fabrik ist zu erfordern, daß beide miteinander derart vereinigt sind, daß nach der **Verkehrsauffassung** die Maschine nicht mehr selbständiger Einzelkörper ist, sondern zufolge ihrer Vereinigung mit dem gewerblichen Gebäude nur noch **eine Sache** und zwar in Gestalt des für den **betreffenden** gewerblichen Betrieb **dauernd eingerichteten Gebäudes** vorliegt.

3. Es ist nicht immer unbedingt notwendig, daß die Maschinen in den Körper des Gebäudes völlig aufgenommen sind, vielmehr kann unter Umständen auch eine lose Verbindung genügen. Dann muß aber die Art der Herstellung und Einrichtung der Maschine oder des gewerblichen Gebäudes eine solche sein, daß der **Verkehr** trotz der losen Verbindung alles zusammen als nur **eine Sache** auffaßt. Dies **kann** beispielsweise der Fall sein, wenn die Maschinen nicht Marktwaren, sondern individuell für das betreffende gewerbliche Gebäude hergestellt sind, oder wenn das Gebäude eigens um eine Maschine herumgebaut ist.

---

[1] Siehe Entscheidungen des Reichsgerichts in Zivilsachen, Bd. 69, S. 120ff.
[2] Vergleiche Entscheidungen des Reichsgerichts in Zivilsachen, Bd. 67, S. 30ff.

Diese Kernpunkte des Urteils lassen sich am besten durch einige Beispiele erläutern:

1. Die Zweckbestimmung des Gebäudes ist maßgebend dafür, ob eine Maschine als Bestandteil einer Fabrik anzusehen ist. Ist also z. B. in der Villa des Fabrikdirektors, welche sich gleichfalls auf dem Fabrikgrundstücke befindet, ein Gasmotor aufgestellt, um eine für die Wasserbeschaffung vorhandene Pumpe, eine Wäschemangel usw. zu betreiben, so sind alle diese Maschinen, sie mögen noch so fest mit dem Gebäude verbunden sein, **nicht** wesentliche Bestandteile des Fabrikgebäudes, weil die Zweckbestimmung der Villa die eines Wohnhauses, und nicht die eines für einen gewerblichen Betrieb dauernd eingerichteten Gebäudes ist. Die Fortnahme dieser Maschinen würde auch die *Fabrik*, auf derem Grundstück die Villa steht, weder in ihrem Wesen stören, noch schädigen oder verändern.

2. Die Maschinen müssen mit dem Fabrikgebäude zu einer Sache vereinigt, d. h. mit demselben so fest verbunden bzw. verankert sein, daß sie ohne Beschädigung des Gebäudes oder der Maschinen von dem Gebäude nicht losgelöst werden können. Eine derartige feste *Verbindung* stellt z. B. ein in die Außenwand eines Spinnereisaales eingemauerter *Ventilator* dar.

Daß Maschinen, welche nur lose in das Gebäude hineingestellt und mit demselben überhaupt nicht verbunden sind, nicht als Bestandteile des Gebäudes angesehen werden können, hat auch das Reichsgericht bereits entschieden[1]).

Es handelte sich in dem Rechtsstreite um eine *Buchdruck-Schnellpresse*, welche auf dem aus Zement hergestellten Boden des Maschinensaales ohne irgendwelche Verankerung oder Verbindung mit demselben aufgestellt war und nur infolge ihrer eigenen Schwere feststand, da ihr Gestell allein ca. 5000 kg wog. Das Reichsgericht hat in diesem Falle noch besonders ausgeführt, daß auch die Verbindung mit dem Vorgelege der Maschine durch den Treibriemen, obgleich das Vorgelege mit der Wand des Gebäudes fest verankert war, nicht als eine Verbindung mit dem Gebäude anzusehen sei. Einmal habe der Treibriemen nicht den Zweck, die Maschinen mit dem Gebäude zu verbinden, und dann stelle der Riemen überhaupt keine feste Verbindung dar, weil er jederzeit leicht abwerfbar sei, und weil zu einer festen Verbindung das Moment

---

[1]) Siehe „Der Zeitungs-Verlag", 1908, S. 802.

der Ruhe erforderlich ist. Auch die Verbindung des Vorgeleges mit der Wand wäre ohne Bedeutung, da dieses Vorgelege mit der Presse selbst nicht fest verbunden, wenn auch zu ihr gehörig sei.

Das Vorgelege könne daher auch keinenfalls als wesentlicher Bestandteil des Gebäudes gelten, es müsse vielmehr als Zubehör der Schnellpresse dieser folgen, wenn die Schnellpresse aus dem Gebäude herausgeschafft wird.

3. Unter Umständen kann auch eine lose Verbindung genügen, um eine Maschine zum wesentlichen Bestandteil des Gebäudes werden zu lassen. Ein solcher Fall wäre beispielsweise der folgende:

In einem städtischen Fabrikgebäude ist eine *Dampfkessel- anlage*, örtlicher Verhältnisse wegen, im zweiten Stockwerk unter- gebracht. Auf dem Fabrikhofe ist, 3,5 m von dem Gebäude ent- fernt, ein *Kohlenaufzug* errichtet, von dessen oberster Bühne eine Laufbrücke in das Gebäude führt, über welche die Kohlenloris von 0,5 cbm Fassungsraum zur Kesselanlage geschoben werden. Die Laufbrücke ist mit ihrem Auflagerende an dem Gebäude ver- mittels Schrauben befestigt. Gleicherweise ist der Kohlenaufzug selbst auf einem gemauerten Fundamente, welches mit dem Erd- boden des Fabrikhofes gleiche Oberfläche hat, mit Fundament- ankern verschraubt. Durch einfaches Lösen der Schrauben am Gebäude und an dem Fundamente kann die Verbindung des Auf- zuges mit dem Gebäude also jederzeit getrennt werden. Trotzdem ist der Aufzug, welcher sich noch dazu außerhalb des Gebäudes und 3,5 m von demselben entfernt befindet, als wesentlicher Be- standteil des Gebäudes anzusehen, einmal weil er für das Gebäude individuell konstruiert ist, und außerdem, weil er mit der Dampf- kesselanlage, für welche er unter den vorliegenden örtlichen Ver- hältnissen unbedingt notwendig ist, eine *sachliche Einheit* bildet.

Trotz der vorstehend angeführten Entscheidungen des Reichs- gerichts ist vorauszusehen, daß die Ansichten über die Zugehörig- keit einer Maschine zum Gebäude auch in Zukunft vielfach aus- einandergehen werden, weil auch das Urteil des Reichsgerichts vom 2. November 1907 keine positiven Vorschriften bringt.

Das Reichsgericht selbst sagt hierüber:

„daß es von den Umständen des einzelnen Falles, insbesondere von der Beschaffenheit und der Zweckbestimmung des Fabrik- gebäudes sowohl als auch der Maschine, von der Art ihres Zu- sammenhanges, sowie von der Verkehrsauffassung der beteiligten

Kreise in ihrer überwiegenden Mehrheit abhängt, ob eine Maschine als wesentlicher oder als unwesentlicher Bestandteil oder als bloßes Zubehör eines Fabrikgebäudes anzusehen ist"[1]).

Über das, was in der Frage von „Maschinen als wesentliche Bestandteile von Gebäuden" als *Verkehrsauffassung* zu gelten hat, führt das Reichsgericht folgendes aus:

„Es ist hervorzuheben, daß von *Verkehrs*anschauungen nur insoweit die Rede sein kann, als bei *allen* an dem betreffenden Zweige des Verkehrslebens beteiligten Kreisen sich *einheitliche* Anschauungen herausgebildet haben. Es kann daher nicht einseitig den Ansichten der Maschinenfabrikanten und der in den Bahnen dieser Ansichten sich bewegenden Sachverständigen maßgebliche Bedeutung beigemessen werden; sondern es erscheint ebenso wesentlich, welche Auffassung hinsichtlich dieser Fragen bei den *Eigentümern der Fabriken* und den *Realberechtigten* bestehen, da deren Ansichten bei der Feststellung, welche Anschauungen „der Verkehr" hegt, genau der gleiche Anspruch auf Beachtung zusteht, wie den Ansichten der Maschinenfabrikanten. Erweist sich, daß die Auffassung in den verschiedenen beteiligten Kreisen nicht übereinstimmt, so entfällt damit das Vorhandensein einer *Verkehrs*anschauung, der der Richter zu folgen hat[2])".

Aus dem Vorhergehenden ergibt sich, daß eine Entscheidung über „wesentlicher Bestandteil" oder „Zubehör" nur von Fall zu Fall getroffen werden kann. Es sollen daher außer den bereits weiter oben angeführten Beispielen auch die hier folgenden Ausführungen darlegen, welche Maschinen auf Grund der in Rede stehenden Paragraphen des Bürgerlichen Gesetzbuches gegebenenfalls als wesentliche Bestandteile eines Gebäudes anzusehen wären und welche anderen Maschinen als Einzelkörper ihre Selbständigkeit behalten und nicht mit dem Gebäude zu einer Sache verschmelzen.

Geht man zunächst von dem Gedanken aus, daß ein Fabrikgebäude nur zu dem Zwecke errichtet ist, um den in ihm befindlichen Fabrikbetrieb, d. h. die maschinellen Einrichtungen und die im Betriebe beschäftigten Personen, *unabhängig von den Witterungsverhältnissen zu machen,* so ergibt sich ohne weiteres, daß man die vorhandenen Maschinen und maschinellen Vorrichtungen in *zwei Gruppen* trennen kann, nämlich in solche, welche für die *Wohl-*

---

[1]) Siehe Entscheidungen des Reichsgerichts in Zivilsachen, Bd. 69, S. 121.
[2]) Siehe Entscheidungen des Reichsgerichts in Zivilsachen, Bd. 69, S. 153.

fahrt von Personen bestimmt sind, und in solche, welche der *eigentlichen Fabrikation*, d. h. der Herstellung der Erzeugnisse des betreffenden Betriebes, dienen.

Maschinen und maschinelle Vorrichtungen der ersten Gruppe, welche also nur dazu bestimmt sind, dem Fabrikpersonal die Arbeit unabhängig von den Witterungsverhältnissen und den Tageszeiten zu ermöglichen und zu erleichtern, sind in erster Linie alle *Heizungsanlagen, Beleuchtungsanlagen* und *Lüftungs- bzw. Entstaubungsanlagen.* Ferner sind es die *Aufzüge für die Personenbeförderung* und ähnliche Einrichtungen, welche zusammen mit den in erster Linie genannten überflüssig wären, wenn der gesamte Fabrikbetrieb im Freien stattfände.

Sind derartige Anlagen mit dem Fußboden, den Wänden oder sonstigen Teilen des Gebäudes in irgendeiner Art, wenn auch nur lose verbunden, oder sind für sie besondere Fundamente, Unterbaukonstruktionen usw., vorhanden, so wird man sie als wesentliche Bestandteile des Gebäudes bzw. des Fabrikgrundstückes ansehen können, da sie in gleicher Weise wie Fenster, Türen und Treppen der Benutzung des Hauses dienen, und wie diese bei auch nur loser Verbindung mit dem Gebäude zu einer sachlichen Einheit verschmelzen.

Ob dagegen auch selbständiges Zubehör zu diesen Anlagen, wie z. B. die *Beleuchtungskörper*, dem Gebäude zuzurechnen ist, kann nur von *Fall zu Fall* entschieden werden.

Demnächst sind alle diejenigen Maschinen als wesentliche Bestandteile des Gebäudes anzusehen, welche demselben erst den *Charakter eines Fabrikgebäudes* geben, gleichviel was für ein Betrieb in demselben stattfindet.

Es sind dies alle *Betriebsmaschinen*, wie *Dampfkessel, Dampfmaschinen und sonstige Motoren* aller Art, unter der Voraussetzung jedoch, daß dieselben, wie es ja auch meistens der Fall sein wird, direkt oder indirekt durch besondere Fundamente mit dem Boden oder sonstigen Teilen des Gebäudes in irgendeiner Weise **fest** verbunden sind. Eine **fahrbare** Lokomobile z. B., welche auf das Grundstück gefahren worden ist und jederzeit von demselben ohne weiteres wieder abgefahren werden kann, wird selbst dann, wenn sie in regelmäßigen Perioden als Betriebsmaschine Dienste leistet, nicht als wesentlicher Bestandteil des Gebäudes anzusehen sein.

Außer durch die Betriebsmaschinen erhält das Gebäude den Charakter als Fabrikgebäude noch durch die *Transmissionen*,

Elevatoren, Bekohlungsanlagen usw., welche stets, sei es unmittelbar mit den Wänden oder mit sonstigen Gebäudeteilen, sei es mittelbar durch Säulenunterbaue, Einbauten in Fußböden, Decken usw., mit dem Gebäude *fest* verbunden sein werden.

Nach der Rechtsprechung des Reichsgerichts verlangt das Gesetz ferner, daß das Gebäude für den *betreffenden gewerblichen Betrieb dauernd eingerichtet* ist, um die in ihm befindlichen und mit ihm verbundenen Maschinen als Bestandteile des Gebäudes anzusehen.

Derartige für den betreffenden Betrieb *dauernd eingerichtete Gebäude* sind z. B. *Eisengießereien*, welche sich durch die in ihnen aufgestellten *Kupolöfen, durch ihren für die Herstellung der Gießgruben geeigneten Fußboden usw.* als ein nur für Gießereizwecke eingerichtetes Gebäude darstellen, welches ohne besondere Umbauten und wesentliche Änderungen seines Charakters für einen anderen Betrieb nicht benutzt werden kann. Sind also *Gießereimaschinen* in einem derartigen Gebäude aufgestellt und mit dem Fußboden oder den Wänden usw. des Gebäudes *fest* verbunden, so wird man sie nicht nur dieser festen Verbindung wegen, sondern auch noch aus dem Grunde als wesentliche Bestandteile des Gebäudes anzusehen haben, weil durch ihre Herausnahme das Gebäude in *seinem Wesen gestört, mindestens aber geschädigt oder verändert* werden würde.

Handelt es sich dagegen nicht um ein derartiges für einen *besonderen Betrieb* hergerichtetes Gebäude, sondern um ein Fabrikgebäude, in welchem ohne *wesentliche Veränderung des Wesens des Gebäudes ganz verschiedenartige Betriebe* eingerichtet werden können, z. B. *Holzbearbeitungsfabriken, Kartonnagenfabriken, Garnwickeleien usw.*, so ist daran festzuhalten, daß die in ihm aufgestellten Maschinen nur dann als wesentliche Bestandteile dieses Gebäudes anzusehen sind, wenn sie mit demselben *so fest* vereinigt sind, daß beide nur noch eine Sache bilden und ohne wesentliche Beschädigung des Gebäudes oder der einzelnen Maschine nicht mehr voneinander getrennt werden können. Bei einer losen Verbindung würden die Maschinen dagegen nur dann als ein wesentlicher Bestandteil des Gebäudes anzusehen sein, wenn sie keine *Marktwaren*, sondern individuell für das betreffende Fabrikgebäude hergestellt sind.

Was für Maschinen für die Bestandteilseigenschaft von Gebäuden als *Marktware* anzusehen sind, hat das Reichsgericht in einer Entscheidung von 24. Oktober 1908, in welcher es sich um